AF536182

Tine Meier

LEBEN MIT EICHHÖRNCHEN IN DER STADT

Tine Meier

Leben mit EICHHÖRNCHEN in der Stadt

3. Auflage

Oertel+Spörer

Bildnachweis
Foto auf S. 106: Korinna Seybold-Hase
Titelbild und alle anderen Fotos: Tine Meier

Haftungsausschluss

Bibliografische Information der Deutschen Nationalbibliothek
Die Deutsche Nationalbibliothek verzeichnet diese Publikation in der Deutschen Nationalbibliografie; detaillierte bibliografische Daten sind im Internet über http://dnb.d-nb.de abrufbar.

Postfach 16 42 · 72706 Reutlingen
3. Auflage

Lektorat: Dr. Gabriele Lehari
DTP und Repro: raff digital gmbH, Riederich
Druck und Einband: FINIDR, s.r.o., Tschechische Republik
ISBN 978-3-88627-574-8

INHALT

INHALT

VORWORT

Mehrere Jahre lang mit einem individuellen Wildtier, nahezu täglich, Kontakt zu haben, ist alles andere als selbstverständlich. Ich bin daher sehr glücklich und dankbar dafür, dass ich diese Erfahrung mit einem kleinen Eichhörnchen, das von mir den Namen Luna bekam, machen durfte. Vor dreieinhalb Jahren besuchte sie zum ersten Mal meine städtische Dachterrasse und ist seitdem mein täglicher Gast. Zwischen uns entwickelte sich ein außergewöhnliches Vertrauen und es entstand eine innige Freundschaft. Luna gab und gibt mir immer noch tiefe Einblicke in ihr Leben und ihre Gewohnheiten und zeigte etliche Male sogar ihrem Nachwuchs den Weg zu mir.

Die hautnahe Begegnung mit einem Wildtier ist etwas Wunderschönes. Es ist Balsam für die Seele und das Herz. Luna hat aus mir einen anderen Menschen gemacht, der mit offenen Augen durch die Natur geht, viel mehr wahrnimmt als früher und andere Dinge als wichtig erachtet. Mit diesem Buch möchte ich nun auch andere Menschen am extrem spannenden Leben meiner kleinen Fellfreundin teilhaben lassen und gleichzeitig eine Vielzahl an fachlichen Informationen weitergeben, die ich durch die intensive Nähe mit ihr zum Thema Eichhörnchen und ihre Verhaltensweisen in der Großstadt lernte oder mir anderweitig aneignete.

Meine weitere Leidenschaft gilt seit langer Zeit der Fotografie. So konnte ich meine vielen Erlebnisse mit Luna fortlaufend mit hochwertiger Profiausrüstung dokumentieren. Dabei sind einmalig schöne Bilder entstanden, die sowohl die mit Luna und ihren Artgenossen erlebten Abenteuer als auch viele interessante Details veranschaulichen. Um möglichst abwechslungsreiche Fotos machen zu können, gestaltete ich regelmäßig meine Dachterrasse neu. Teils war das ohnehin nötig, denn so manche Blumenkulisse wurde von einem kleinen Wilden einfach niedergetrampelt. Im Vergleich zu der Bereicherung, die ich durch die befellten Besucher erfuhr, nahm ich das aber gern in Kauf.

Generell ist meine Terrasse ein kleines Paradies für Eichhörnchen geworden. Denn dort gibt es ein zuverlässiges Futterangebot, täglich frisches Wasser zum Trinken, kleine Bäume, Sträucher, Abschnitte mit Wiese, Moos sowie Höhlen und Röhren zum Verstecken.

Eichhörnchen sind äußerst hübsche, schlaue und faszinierende Lebewesen. Selbst wenn man glaubt, schon vieles über sie zu wissen, überraschen sie immer wieder aufs Neue. Mit ihrer scheuen, doch gleichzeitig neugierigen und hektischen Art gelingt es ihnen, Menschen zu verzaubern.

Vielleicht kann Luna mit ihrer Geschichte mehr Bewusstsein für die Bedürfnisse dieser liebenswerten, kleinen Racker schaffen. Es wäre wundervoll, wenn sie dazu beitragen würde, dass auch andere Eichhörnchen bei ihrem – nicht unbedingt einfachen – Leben im städtischen Umfeld ein klein wenig mehr Achtsamkeit oder sogar Unterstützung erfahren dürfen.

Tine Meier

BEGINN EINER INNIGEN FREUNDSCHAFT

Der 1. Mai 2014 war ein besonderer Tag. Ich lernte ein kleines Wesen kennen, ein Mädchen, das in den folgenden Jahren mein Leben auf den Kopf stellen würde. Es war ein Eichhörnchen, das am frühen Morgen meine Dachterrasse mitten in der Großstadt Frankfurt entdeckte und damit begann, jeden Blumentopf zu untersuchen. Sie kam nicht allein, sondern war in Begleitung von zwei aufgeregten Eichkatern, denen sie sichtlich zu gefallen schien. Obwohl sie wegen des Frühjahrsfellwechsels einen recht zerzausten Eindruck machte, war sie wunderhübsch.

Besuche von Eichhörnchen waren für mich nichts Neues. Die ersten Begegnungen damit lagen bereits zwei Jahre zurück. Ich versuchte damals, aus einer Esskastanie ein Bäumchen zu ziehen, doch wenige Tage später war nur noch ein ausgebuddeltes Loch in der Erde zu sehen. Das Spielchen wiederholte sich mehrmals, bis ich schließlich den kleinen Dieb auf frischer Tat ertappte. Er sprang von einem nahestehenden Ahornbaum in die Regenrinne und lief von dort aus ein vier Meter langes Steildach nach oben, um meine Dachterrasse zu erreichen. Entzückt von diesem kleinen Persönchen versteckte ich fortan täglich ein paar Nüsse in den Blumentöpfen, bis ich schließlich zwei dauerhafte Futterstationen auf meiner Dachterrasse installierte.

Nach einem halben Jahr realisierte ich, dass mich sogar drei verschiedene Eichhörnchen besuchten. Im täglichen Eichhörnchendialog ging es nun nicht mehr um „das Eichhörnchen", sondern ich vergab Namen, um mich besser mit meinem Partner verständigen zu können. Einer davon hieß nun Muckel und ich ahnte damals nicht, dass er der Revierchef und mein treues Haushörnchen wird, das ich über viele Jahre beobachten durfte.
Muckel war es, der das strubbelige neue Weibchen zu mir führte. Er war schon immer ein Herumstreuner und trieb sich gern in benachbarten Hinterhöfen herum. Dort lernten sie sich kennen und Muckel konnte wohl kein Auge mehr von ihr lassen. Er war verliebt und schaffte es, dass sie seiner Fährte zum Nussparadies über den Dächern der Großstadt folgte. Dummerweise hatte ein anderer Eichkater ebenfalls ein Auge auf die Hübsche gerichtet und drang zur gleichen Zeit in Muckels Revier ein.

Das zauberhafte Mädchen bekam den Namen Luna und ihr zweiter Verehrer den Namen Mario. Die drei Hörnchen boten an diesem Morgen ein unglaubliches Schauspiel, wie ich es bis dahin noch nicht erlebte. Muckel und Mario waren im reinsten Liebesrausch. Schwanzwedelnd und mit leisen Wuck-Wuck-Rufen pirschten sich die beiden abwechselnd an Luna heran, schnüffelten kurz und hüpften sofort wieder in sichere Distanz. Ihre große Aufregung brachten sie auch durch Trippeln auf den Hinterpfoten zum Ausdruck. Luna blieb von dem Spektakel um sie herum relativ unbeeindruckt und war ausschließlich damit beschäftigt, ein Nüsschen nach dem anderen zu verspeisen. Die Eichkater hingegen waren so nervös, dass sie selbst kaum etwas fressen konnten.
Luna war sehr begehrt und so dauerte es nicht

Luna im Lavendelstrauch – eines der ersten Bilder, das ich von ihr machen durfte.

Mario ist sehr charmant …

… und Muckel äußerst liebenswert.

lange, bis drei weitere Eichkater ihr bis auf meine Dachterrasse folgten. Der Hinterhof wurde für kurze Zeit zum Schauplatz wilder Paarungsjagden und ich hatte vom 5. Stock aus den allerbesten Überblick. In atemberaubender Geschwindigkeit liefen die Eichhörnchen spiralförmig die Bäume hinauf und wieder hinunter oder sprangen über dünnes Geäst von einem Baumwipfel zum anderen. Es war ein großes und auffälliges Spektakel. In der Folgezeit ließen sich die neuen Reviereindringlinge in unregelmäßigen Abständen bei mir blicken, bis sie nach und nach verschwanden. Muckel und Mario blieben.

Etwa einen Monat nachdem ich sie kennenlernte, war auch Luna weit und breit nicht mehr zu sehen. Als sie zwei Wochen später wieder auftauchte, waren am Rand ihres weißen Bauchfells deutlich Zitzen zu erkennen, die mit der Zeit immer stärker hervortraten. Sie hatte Nachwuchs bekommen! Luna muss zu dem Zeitpunkt mindestens ein Jahr alt gewesen sein, denn die Geschlechtsreife tritt bei Eichhörnchen etwa ab dem 10. Lebensmonat ein. Damals wohnte sie noch in einem benachbarten Hinterhof. Ihre Kleinen bekam ich daher nicht zu Gesicht. Später sollte ich da mehr Glück haben!

Ein halbes Jahr später zog Luna um in meinen Hinterhof. Sie beschlagnahmte das Revier für sich und teilte es mit Muckel und Mario. Diese drei Hörnchen waren die Stammbesetzung, mit der ich jährlich in den Herbst und Winter ging. Neue Gesichter fanden überwiegend in der ersten Jahreshälfte zu mir. Das waren meist Männchen auf der Suche nach paarungsbereiten Weibchen, hungrige Muttertiere oder Junghörnchen, die sich nach einem neuen Revier umschauten. Phasenweise kamen alle Besucher gut miteinander zurecht. Wenn allerdings Luna selbst Nachwuchs hatte oder es auf den Herbst zuging, begann sie ihr Revier stärker zu verteidigen. Einige Eindringlinge vertrieb sie so vehement, dass sie jedes Mal laut quiekend davonliefen, bis sie schließlich ganz verschwanden. Oftmals waren das freche Jugendliche, die es regelrecht provozierten, von Luna verjagt zu werden. Sie versteckten von ihr vergrabene Nüsse um, klauten Innenausstattung aus einem ihrer Nester oder zogen kurzzeitig selbst dort ein. Das konnte natürlich nicht lange gut gehen. Luna duldete nur Muckel und Mario in ihrer Nähe, wenngleich sie auch ihnen deutlich zeigte, wer die Revierchefin war. Ernsthaft verjagt wurden die beiden aber nie. Wie schon früher bei anderen Eichhörnchen beobachtet, waren klare Hierarchiestrukturen erkennbar: ein erwachsenes Weibchen, das dominiert, und Männchen, die untereinander und gegenüber jungen Hörnchen eine unterschiedliche Rangfolge zeigen.

Luna ist die Revierchefin.

SYSTEMATIK UND FARBVARIANTEN

Das Europäische Eichhörnchen (*Sciurus vulgaris*) ist eines der beliebtesten und bekanntesten Nagetiere und kommt sowohl in Europa als auch in Asien vor. Es gehört zur Familie der Hörnchen (Sciuridae), die etwa 280 unterschiedliche Arten umfasst, und ist dem Tribus Baumhörnchen (Sciurini) sowie der Gattung Eichhörnchen (*Sciurus*) zugeordnet. In Deutschland ist das Europäische Eichhörnchen die einzige vertretene Art dieser Gattung und gemäß Bundesartenschutzverordnung besonders geschützt.

Obwohl das Eichhörnchen weit verbreitet ist, wissen viele Menschen nicht, dass es verschiedene Fellfarben aufweisen kann. Die englische Bezeichnung „red squirrel" ist in diesem Zusammenhang besonders irreführend, denn es gibt nicht nur die rote Färbung, sondern auch Europäische Eichhörnchen mit brauner und schwarzer Färbung oder solche, deren Fell an verschiedenen Stellen unterschiedliche Farben haben kann. Besonders hübsch sieht es aus, wenn zum Beispiel nur der Schweif schwarz gerahmt ist und gleichzeitig die Ohrenpinsel eine dunkle Farbe haben. Komplett schwarzgefärbte Eichhörnchen findet man überwiegend in südlichen Gegenden Deutschlands. Welche Farbe auch immer ein Europäisches Eichhörnchen hat, das Bauchfell ist stets weiß.

Im Zusammenhang mit dunklen Hörnchen oder solchen, deren Winterfell besonders grau ist, wird immer wieder die Fehlinformation verbreitet, dass es sich dabei um eingewanderte amerikanische Grauhörnchen (*Sciurus carolinensis*) handeln würde. Das ist ein Mythos, denn es sind stets nur Farbvarianten unseres einheimischen Eichhörnchens. Die Folgen sind fatal, denn die angeblich „bösen" Hörnchen werden häufig von Menschen vertrieben. Grauhörnchen gibt es in Europa derzeit nur in Großbritannien und Norditalien, wo sie Ende des 19. bzw. Mitte des 20. Jahrhunderts ausgesetzt wurden. Die Insellage Großbritanniens und die Alpen verhinderten bislang eine weitere Ausbreitung.

Mit fast doppelt so viel Gewicht sind Grauhörnchen deutlich größer, leben in dichteren Populationen und haben generell keine Ohrenpinsel. Gefahr besteht insofern, dass Grauhörnchen Parapox-Viren übertragen können, gegen die sie selbst immun sind, die aber bei Europäischen Eichhörnchen schwerwiegende, meist tödlich verlaufende Hautläsionen verursachen. Während dies in Großbritannien ein großes Problem darstellt, sind die italienischen Grauhörnchen nicht von diesem Virus betroffen.

Das Europäische Eichhörnchen gibt es in verschiedenen Farbvarianten.

UNTERSCHEIDUNGSMERKMALE

Es bedarf einiger Übung, um Eichhörnchen auseinanderzuhalten. Zunächst hilft dabei die Fellfarbe, doch wenn man genau hinschaut, lassen sich oft kleinste Details entdecken, die tatsächlich eine eindeutige Identifizierung erlauben. Teils reicht hierzu eine einzige Besonderheit, teils ein Zusammenspiel verschiedenster Merkmale. Sehr häufig gelingt eine zweifellose Unterscheidung anhand einer Verletzung an den Ohren, denn etliche Hörnchen haben am Rand der Ohrmuschel einen Schlitz bzw. eine Kerbe. Auch die Ohrform selbst kann Aufschluss geben. Zudem variiert die Krallenfarbe von durchscheinend bis ganz dunkel, wobei es sogar Krallen gibt, die zum Beispiel an der Spitze hell und nur im Ansatz dunkel sind. Weitere Kennzeichen können eine runde oder längliche Gesichtsform, charakteristische kleine Farbflecken an der Wange sowie die Länge und Farbe der Ohrenpinsel oder des Schweifs sein. Hinzu kommt, dass sich nach einiger Beobachtungszeit vollkommen unterschiedliche Charaktere und Angewohnheiten feststellen lassen, die eine Wiedererkennung erlauben.

Luna war von Anfang an recht unerschrocken und zeigte sich sehr selbstbewusst. Kaum etwas brachte sie aus der Ruhe. Sie hat ein liebliches, rundes Gesicht und eine besondere Ausstrahlung. Mit einem Ende des Sommers 2017 gemessenen Gewicht von 370 Gramm und einer Kopf-Rumpf-Länge von etwa 23 cm ist sie relativ kräftig gebaut und bringt stets einen gesunden Appetit mit sich.

Ihr eindeutiges Erkennungsmerkmal bekam sie erst, nachdem wir uns kennengelernt hatten. Es ist eine lange, nach oben abstehende Kralle am Ringfinger der linken Vorderpfote.

Als ich Muckel kennenlernte, war er noch jung. Er war sehr achtsam, extrem scheu und reagierte auf jede kleinste Bewegung, die ich machte, mit Flucht. Von den anderen Hörnchen, die seinerzeit zu mir kamen, wurde er oft vertrieben. Doch der flinke Kerl zeigte eine große Ausdauer, blieb hartnäckig und kam immer wieder zurück. Letztlich zahlten sich alle seine Charaktereigenschaften aus, denn Muckel wurde schließlich der Revierchef – zumindest so lange, bis Mario kam. Im Oktober 2015 zog er sich eine Verletzung am linken Augenlid zu, die ihn aber im weiteren Verlauf nicht beeinträchtigte. 2017 verlor er eine Kralle am rechten Zeigefinger, die nicht mehr nachwuchs. Zudem hatten seine anfangs makellosen Ohren nach einiger Zeit jeweils eine kleine Kerbe.

Der leuchtend rote Mario verhielt sich zunächst sehr vorsichtig. Doch unter Eichkatern war er dominant und so dauerte es nicht lange, bis er Muckel den Status des Revierchefs im Hinterhof abnahm. Er hatte ein ausgesprochen hübsches Gesicht, schneeweiße Krallen und war ein Meister im Posieren. Sein eindeutiges Kennzeichen war ein kleines Loch im rechten Ohr, bei dem man ganz genau hinschauen musste, um es zu erkennen.

Luna trägt eine abstehende Kralle an der linken Pfote.

Mario hat ein kleines Loch im rechten Ohr.

Muckels Augenlid ist verletzt und er hat eine Kerbe im linken Ohr.

Das Geschlechtsteil eines Männchens ist gut erkennbar.

Bei einem säugenden Muttertier sind die Zitzen deutlich zu sehen.

MÄNNCHEN UND WEIBCHEN

Wenn man Eichhörnchen aus nächster Nähe betrachten kann, ist es relativ einfach, herauszufinden, ob es sich um einen weiblichen oder männlichen Artgenossen handelt. Ausschlaggebend ist der Abstand zwischen Genitalöffnung und After. Beim Weibchen liegt beides unmittelbar nebeneinander, während beim Männchen ein Abstand von 1 bis 2 cm festzustellen ist. Das Genital von Männchen ist daher bei sitzenden oder stehenden Eichhörnchen gut zu sehen. Bei säugenden Weibchen kann man hingegen die Zitzen erkennen. Davon gibt es an beiden Seiten des weißen Bauchfells jeweils vier Stück.

Mit fortgeschrittener Säugezeit schwellen die Milchdrüsen immer mehr an und häufig bildet sich mittig am weißen Bauchfell eine vertikal verlaufende auffällige Falte. Nach der Säugephase bilden sich die Zitzen relativ rasch wieder zurück, es sei denn, es folgt direkt eine weitere Schwangerschaft.

In der meisten Zeit des Jahres sind bei erwachsenen Männchen die Hoden stark ausgeprägt und der Unterbauch ist deutlich nach vorne gewölbt. Häufig sind sie fleischfarben, sie können aber auch einen recht dunklen Farbton aufweisen. Außerhalb der Fortpflanzungszeit ziehen sich die Hoden für etwa drei Monate in den Bauchraum zurück und sind dann weniger auffällig.

Weibchen

Junges Männchen

Erwachsenes Männchen

Fichtenzapfen sind häufig auf dem Speiseplan von Eichhörnchen.

ERNÄHRUNG

Eichhörnchen haben ein sehr breites Nahrungsspektrum. Je nach Jahreszeit und Revier ist das Angebot dabei unterschiedlich. Ihre Hauptnahrungsmittel sind Baumfrüchte und -samen. Besonders gefragt sind Walnüsse, Haselnüsse und Baum-Hasel, die mit einem hohen Fettgehalt sehr viel Energie enthalten. Eine weitere wichtige Nahrungsquelle sind Tannen-, Kiefern- oder Fichtenzapfen, doch es ist recht mühsam, an die kleinen Samen heranzukommen. Dafür muss zunächst beginnend am stumpfen Ende jede Schuppe einzeln mit dem Maul abgerissen werden. Ein Haufen zurückbleibender Spindeln unter einem Baum ist ein eindeutiges Zeichen dafür, dass ein Eichhörnchen am Werk war. Sehr beliebt sind zudem Bucheckern, Esskastanien und die geflügelten Früchte von Ahornbäumen. Zweite oder gar dritte Wahl sind Rosskastanien und Eicheln. Letztere schmecken bitter, sind schwer verdaulich und können bei übermäßigem Verzehr zu Bauchschmerzen führen. Im Frühjahr wird gern an frischen Trieben, Knospen und Blüten geknabbert und im Sommer können Früchte und Beeren verlocken. Insgesamt ernähren sich Eichhörnchen überwiegend vegetarisch. Nur hin und wieder stehen Insekten, Schnecken oder Raupen auf dem Speiseplan.

Eichhörnchen vertragen sogar Naturprodukte, die für den Menschen giftig sind. Dazu gehören zum Beispiel Fliegenpilze oder die Früchte bzw. die darin enthaltenen Samen von Eiben. Mandeln hingegen sollte man Eichhörnchen keinesfalls anbieten. Es könnten Bittermandeln darunter sein, bei denen nach Verzehr die auch für Eichhörnchen hochgiftige Blausäure freigesetzt wird. Nur wenige Bittermandeln können ein Eichhörnchen töten.

Abgeraten wird darüber hinaus von Erdnüssen. Wenn sie vergraben werden, fangen diese Hülsenfrüchte wegen der dünnen Schale leicht an zu schimmeln. Auch bei selbst gesammelten Walnüssen besteht bei nicht ausreichender Trocknung Schimmelgefahr. Gänzlich ungeeignet und sogar schädlich sind Produkte wie Brot, Kekse, Schokolade oder Kuhmilch. Letztere kann zu schweren Durchfällen führen.

Zur Unterstützung der Eichhörnchen gibt es spezielle Futterboxen, die sich an einem Baum oder am Balkongeländer gut befestigen lassen. Um an das Futter heranzukommen, müssen die Hörnchen mit ihrem Kopf einen Deckel anheben. Die meisten Hörnchen haben diese Technik schnell heraus. Bei der Auswahl des Modells ist allerdings einiges zu beachten. Der idealerweise überstehende Deckel sollte leicht sein und keinen Spalt zur Rückwand aufweisen, damit kein Regenwasser in die Box fließen kann. Die Plexiglasscheibe muss gegenüber dem Deckel um 1 bis 2 cm abgesenkt sein, sonst entsteht ein Guillotine-Effekt, falls ein zweites Hörnchen auf den Deckel springt. Da die Tiere am Holz nagen können, darf dieses nur mit unbedenklichen Mitteln wie zum Beispiel Leinöl behandelt werden.

Zum Befüllen der Futterbox eignen sich vor allem Nüsse und Sonnenblumenkerne. Wegen der Gefahr von Schimmelbildung hat Obst und Gemüse darin nichts verloren. Generell sollte man davon nur wenige kleine Stücke anbieten, da Frischware auch verderben kann. Streit unter den Hörnchen lässt sich reduzieren, wenn man zwei Futterboxen in einigem Abstand voneinander aufhängt.

Den Deckel einer Futterbox können Eichhörnchen mit dem Kopf anheben.

Eichhörnchen trinken gern aus Gießkannen.

Da sich Eichhörnchen immer ihre Selbstständigkeit bewahren, sind zuverlässige Futterstationen und damit eine ganzjährige Zufütterung zu befürworten. So wissen sie immer, wo sie bei Bedarf hingehen können, und wenn sie nichts brauchen, bleiben sie einfach fern. Im Winter kann der Boden gefroren sein, sodass die Hörnchen nicht an ihre Depots herankommen. Zudem kann es vorkommen, dass ein Großteil des Wintervorrats bei Aufräumaktionen in Hof und Garten durch den Menschen zunichte gemacht wird. Im Frühjahr und Sommer sind die versteckten Vorräte aufgebraucht und die Natur hat nur wenig Gehaltvolles zu bieten. Gleichzeitig ist während dieser Jahreszeiten insbesondere bei säugenden Muttertieren der Hunger sehr groß und die Eichkater verausgaben sich bei den vorausgehenden wilden Paarungsjagden.

Neben dem Futterangebot darf das Bereitstellen von frischem Wasser natürlich nicht fehlen. Ist keine größere Wasserquelle in der Nähe, sind Eichhörnchen auf die Natur und den Menschen angewiesen.
So trinken sie auch aus Pfützen, schlecken den Morgentau von Blättern ab oder nagen Baumrinde von Ästen, um an Baumsaft zu gelangen.
Viele Hörnchen mögen sehr gern Sonnenblumenkerne und besetzen dafür manches Vogelhaus.
Es ist allerdings umstritten, ob Eichhörnchen große Fressfeinde von jungen Vögeln sind oder sich regelmäßig Vogeleier aus den Nestern holen. In der Not kann das vorkommen, doch gehäufte Vorfälle sind weder wissenschaftlich nachgewiesen noch passen sie dazu, dass Eichhörnchen nur einen geringen Bedarf an tierischem Eiweiß haben. Gerade in der Nähe von Vogelhäuschen lässt sich feststellen, dass das Zusammenleben von Eichhörnchen und kleinen Vögeln sehr friedlich ist. Beim Futtern sitzen sie oft recht nahe nebeneinander.

Besucher meiner Dachterrasse laufen in aller Regel als Erstes zur stets randvoll gefüllten Gießkanne oder zur Vogeltränke, was zeigt, wie wichtig Wasser für sie ist. Ausnahmslos alle freuen sich über mein tägliches Angebot an Karottenstücken. Champignons sagen auch vielen Hörnchen zu. Anderes Gemüse, wie Tomaten, Gurke, Brokkoli oder getrocknete Maiskörner, wird bei mir nicht angerührt, aber andernorts von Eichhörnchen gefressen. An Obst nahmen die Frankfurter Eichhörnchen zunächst nur süße Apfelstücke an, bis schließlich im Sommer Wassermelone der große Renner wurde. Verliebt wie ich bin, bereite ich die Stücke immer mal wieder in Herzchenform vor. Es ist jedes Mal herrlich dabei zuzusehen und zuzuhören, wie die Tiere laut schmatzend und schlürfend ein Stück nach dem anderen verschlingen. Ansonsten mag nur Muckel hin und wieder etwas Weintraube und Luna freut sich, wenn ich ihr gelegentlich ein paar Rosinen gebe. Nüsse gehen immer weg, doch mein Angebot an Zapfen wird meistens ignoriert. Als ich aber einmal grüne Fichtenzapfen mitbrachte, stürzten sich die Hörnchen regelrecht darauf. Bei ausreichendem Futterangebot können sich Eichhörnchen mitunter recht wählerisch zeigen. Jedes hat seine speziellen Vorlieben.

Fast alle Hörnchen knabberten im Frühjahr und Sommer zum Nachtisch gern ein wenig an Margeritenblättern, daher durfte ein frischer Strauch nicht mehr fehlen. Gut, dass dieser stabil und robust ist, denn die Hörnchen sprangen täglich darüber hinweg oder trampelten darauf herum. Ansonsten interessierten sich nur einzelne Hörnchen für die Blätter einer Hängelobelie oder für Hibiskusblätter und bei Junghörnchen kam es des Öfteren vor, dass sie die Blüten von Margeriten oder Nelken verspeisten.

Eichhörnchen ernähren sich sehr gesund. Sie lieben Karotten …

… und Champignons.

Eine willkommene Erfrischung im Sommer sind Wassermelonen.

Und als Nachtisch stehen ein paar Blüten auf dem Speiseplan.

Walnüsse werden an der Naht aufgenagt.

Im Frühjahr, wenn die Laubbäume noch kahl waren, hatte ich viele Gelegenheiten Luna ausgiebig bei ihren Ausflügen zu verfolgen. Luna hatte Phasen, die von einem äußerst regelmäßigen Rhythmus geprägt waren. Eine Weile konnte ich fast die Uhr nach ihr stellen, so pünktlich erschien sie jeden Morgen zur gleichen Zeit auf meiner Terrasse. Anschließend lief sie übers Dach weg und kletterte die Hausmauer hinunter, bis sie in die Bäume auf der Straßenseite meines Hauses springen konnte. Nun trieb sie sich entweder in den Linden neben der Straße herum, in kleinen Vorgärten oder im südlich benachbarten Hofgarten. Überall fand sie etwas zu knuspern. Ein paar Stunden später kehrte Luna von ihrem Ausflug zurück, kam erneut auf meine Terrasse, um sich zu stärken, und verbrachte die weitere Zeit im Hinterhof und ließ sich vor allem die frischen Triebe der Ahornbäume schmecken. Auch an Baumflechten bediente sie sich reichlich. Es war eine große Freude zu sehen, wie selbstständig Luna trotz jahrelanger Zufütterung blieb. Sie wusste genau, wo und wann es was zu holen gab und was sie gerade brauchte. Meine Terrasse war demnach nur eine von vielen Stationen.

Die Technik des Nussknackens

Vor dem Öffnen einer Nuss drehen Eichhörnchen diese mit den Vorderpfoten in die richtige Position und umklammern sie dann fest. Mit den unteren Schneidezähnen nagen sie nun eine tiefe Furche, bis ein kleines Loch entsteht. Besonders harte Nüsse werden dabei zwischendurch um 180 Grad gedreht. Da ihr Unterkiefer gespalten ist, können Eichhörnchen die unteren Schneidezähne V-förmig auseinander spreizen. Dies erlaubt es, einerseits eine Nuss in zwei Hälften zu sprengen, und andererseits Nahrung wie mit einer Pinzette zu greifen. Die langen Schneidezähne können beim Öffnen einer Nuss aber auch wie eine Brechstange eingesetzt werden.

Erfahrene Eichhörnchen beherrschen die Technik des Nussknackens perfekt und die Schale fällt beim Sprengen in zwei schöne Hälften auseinander. Fügt man diese wieder zusammen, lässt sich die tiefe Nagespur erkennen, die eindeutig einem Eichhörnchen zuzuordnen ist und auf dessen Vorkommen schließen lässt. Bei weniger erfahrenen Eichhörnchen kann es passieren, dass zunächst nur ein kleiner Teil der Nussschale wegbricht und sie Mühe haben, den Nusskern aus der verbleibenden Schalenhülle herauszuholen.

Haselnüsse werden stets am spitzen Ende benagt, während Walnüsse am stumpfen Ende der Naht bearbeitet werden. Bevor sich ein Eichhörnchen eine Nuss schmecken lässt, wird zunächst noch die dünne Haut mit den Zähnen abgeschabt. Jungtiere

Die typischen Nagespuren von Eichhörnchen.

Früchte des Baum-Hasels sind sehr beliebt und werden aus dem Fruchtstand herausgelöst.

müssen die Fähigkeit des Nussknackens erst erlernen. Die ersten Versuche sind mühsam und an den vielen Nagespuren erkennt man sofort, dass jemand ohne Erfahrung am Werk war. Ein junges Hörnchen kann etwa 15 Minuten damit beschäftigt sein, eine Haselnuss zu öffnen, während ein erwachsenes Eichhörnchen das oft in weniger als einer halben Minute schafft. Absolute Profis brauchen sogar nur wenige Sekunden.

Vorratshaltung

Im Herbst legen Eichhörnchen Höchstleistungen an den Tag. Sie vollbringen eine beachtliche Arbeit, um sich ausreichend Vorräte für den langen Winter anzulegen. Unermüdlich sammeln und verstecken sie alles, was es an lagerfähigen Samen zu holen gibt. Am beliebtesten sind hierbei Walnüsse, Haselnüsse und Baum-Hasel, denn sie sind energiereich und gehaltvoll. Während die Gemeine Hasel ein Strauchgewächs ist, handelt es sich beim Baum-Hasel um Bäume, die etwa 20 Meter hoch werden können. Die stacheligen Fruchtstände enthalten meist 5 bis 8 kleine Nüsse, deren Schale relativ hart ist.

Taube oder verschimmelte Nüsse werden von Eichhörnchen nicht mitgenommen. Um die Qualität zu überprüfen, machen sie mit ihrem Fundstück zunächst eine Gewichtskontrolle. Dazu drehen sie die Nuss ein paarmal in ihren Pfötchen herum. Anschließend folgt ein Riechtest, bei dem kurz an der Nuss geschnuppert wird. Ist die Nuss in Ordnung, wird sie mit dem Maul gepackt und abtransportiert. Wenn die Nuss faul ist, wird sie an Ort und Stelle einfach abgelegt. Zudem riechen Eichhörnchen, ob eine Nuss oder sonstige Samen überhaupt lagerfähig sind.

Mario beim Riechtest und Abtransport einer Walnuss.

Das ist die typische Haltung, wenn Luna eine Nuss versteckt.

Bei Regenwetter sieht sie danach aus wie ein kleines Dreckbärchen.

Beim Verstecken von Nüssen in der Erde gehen alle Eichhörnchen gleich vor. Zunächst wird mit den Vorderpfoten eine kleine Mulde ausgegraben. Darin legen sie die Nuss ab und drücken sie mit der Schnauze mehrmals fest in die Erde. Anschließend wird mit den Vorderpfoten die Erde wieder über die Mulde gescharrt und festgeklopft, um die Spuren schön zu verwischen. An Regentagen sehen die Hörnchen hinterher aus wie kleine Dreckbärchen. Das scheint sie aber selbst in keiner Weise zu stören.

Nicht jede Nuss wird sorgfältig vergraben. Etliche Nüsse werden einfach nur an einem für geeignet erachteten Platz abgelegt wie in Baumhöhlen, Rindenspalten, am Ende einer Regenrinne oder im Eck eines Fenstersimses. Das Nachstubsen mit der Schnauze findet lustigerweise auch bei solchen Situationen statt, es ist also ein instinktgesteuertes Verhalten. Andere Leckerbissen wie zum Beispiel Karottenstücke oder Pilze werden gern in Astgabeln versteckt bzw. zum Trocknen aufgehängt. Dies passiert nicht nur im Herbst, sondern das ganze Jahr über.
Eichhörnchen haben sehr viele Verstecke, denn die Gefahr ist groß, dass die gelagerte Ware letztlich von einem Vogel oder anderen Hörnchen geklaut wird. Oft wird Eichhörnchen nachgesagt, sie seien vergesslich. Das stimmt nicht, im Gegenteil: Eichhörnchen sind überaus schlau! Sie haben Versteckmuster im Kopf und wissen sehr genau, wo sie etwas deponiert haben. Beim Wiederfinden von Depots hilft ihnen sowohl ihr exzellentes Gedächtnis als auch ihr außerordentlich guter Geruchssinn. Liegt eine Nuss 30 cm unter einer Schneedecke, kann ein Eichhörnchen sie immer noch riechen. Im Winter werden Depots nicht nur aufgesucht, um sich daran zu stärken, sondern auch um zu überprüfen, ob die Ware noch gut bzw. überhaupt noch vorhanden ist.

Bei meinen befellten Besuchern brach bereits im Spätsommer das Versteckfieber aus. Da es in meinem Hinterhof keinen Nussbaum gibt, waren die Hörnchen dankbar dafür, dass ich bei zahlreichen Herbstspaziergängen für sie sammeln ging. Mit am Start beim großen Wettlauf um die frischen Nüsse war stets die Stammbesetzung Luna, Muckel und Mario. Die kleinen Racker hatte der Rappel gepackt. Unermüdlich transportierten sie alles, was sie ergattern konnten, in den Hinterhof oder versteckten es direkt in meinen Blumentöpfen und teils auch auf benachbarten Terrassen. Und das sogar bei strömendem Regen! Je schlechter das Wetter war, umso größer die Verstecklaune. Mario probierte in seinem Eifer hin und wieder, gleich zwei Nüsse auf einmal mitzunehmen. Er hatte damit allerdings sichtlich Schwierigkeiten. Diese Technik beherrscht nicht jedes Hörnchen, die meisten versuchen es erst gar nicht.

Am aktivsten von allen war Luna. Morgens war sie die Erste, um möglichst viel von der Tagesration für sich zu ergattern. Teilen war gar nicht ihre Stärke. Wenn ihr mitten im Nussrausch jemand in die Quere kam, wurde dieser energisch davongescheucht. Einmal erschnuppert wurde eine Nuss mit gezieltem Sprung und Biss regelrecht von ihr erlegt, um im nächsten Moment abtransportiert zu werden.
Zuerst wurden alle Walnüsse mitgenommen, anschließend Haselnüsse und Baum-Hasel. Es war bemerkenswert, welche Distanzen Luna dabei zurücklegte. Mit einer großen Walnuss überquerte sie oft den ganzen etwa 60 Meter langen Hinterhof und kletterte auf der gegenüberliegenden Seite wieder bis auf das Dach eines hohen Altbaus, um ein gutes Versteck dafür zu finden – und das Ganze in einem Wahnsinnstempo! Beim Weg von meiner Terrasse nach oben oder unten legte sie bereits mehr als 20 Höhenmeter zurück.

Luna beim Großeinkauf!

Muckels Lieblingsspeise sind die seltenen walnussähnlichen Schwarznüsse.

Luna versteckt einen Champignon in einer Astgabel.

Manche Nuss wurde auch erst einmal irgendwo auf dem Dach zwischengelagert und ein paar Stunden später ganz gezielt abgeholt und woanders versteckt. Es war beeindruckend, welche Energie Luna zum Anlegen ihres Wintervorrats immer wieder aufbrachte, obwohl sie nach einiger Erfahrung wusste, dass es auf meiner Terrasse immer etwas für sie zu futtern gibt. Generell legten hierbei alle Weibchen, die ich bislang kennenlernte, mehr Fleiß an den Tag als Männchen. Sie agieren vorausschauend, denn wenn es im Frühjahr Nachwuchs gibt, will auch dieser gut versorgt sein. In der Regel rationierte ich allerdings die täglichen Nussmengen. Nur manchmal war Großeinkauf angesagt und auf meiner Terrasse war ein stundenlanges Kommen und Gehen. Die benachbarten Hofgärten hatten im Spätsommer/Herbst einiges mehr zu bieten. Neben zahlreichen Rot- und Hainbuchen entdeckte ich dort mit großer Freude sogar Walnuss- und Baum-Haselbäume sowie zwei kleine Haselsträucher. So konnte es sein, dass sich zu dieser Jahreszeit das ein oder andere Hörnchen auch einmal nicht blicken ließ. Ich musste mir daher etwas einfallen lassen, um mit dem Angebot der Natur konkurrieren zu können. Erfreulicherweise kam ich aber schon in der ersten Augusthälfte an frische Haselnüsse heran. Ich lernte dazu, dass die Hörnchen vor allem auf unreife, grüne Haselnüsse besonders scharf sind. Sehr entgegen kommt ihnen dabei, dass die Schale noch nicht so hart ist und sie die Nüsse im Nu aufnagen können. Einige Walnüsse, die ich fand, waren noch von der äußeren grünen Schale umgeben. Fleißig wie sie waren, halfen mir die Hörnchen gelegentlich, die Schale zu entfernen. Diese schmeckte jedoch scheußlich, was an manchem Gesichtsausdruck recht deutlich zu erkennen war.

Besonderes Highlight waren Schwarznüsse, die ich bei diversen Spaziergängen sammeln konnte. Sie sind eine Walnuss-Art, die ursprünglich aus Nordamerika kommt und bei uns vor allem in Parks als Zierbaum angepflanzt wird. Da die Schale sehr dick und extrem hart ist, ist es sogar für Eichhörnchen schwierig, an den Inhalt heranzukommen. Für einige Hörnchen wie Muckel sind Schwarznüsse trotz des außergewöhnlichen Geschmacks eine absolute Lieblingsspeise. Ich öffne sie für ihn mit einem Macadamia-Nussknacker.

Vorausgesetzt, sie war gesund, hielt Lunas Verstecklaune bis in den Dezember hinein an. Gegen Ende zu musste sie nicht mehr reflexartig nach jeder Nuss greifen. Etliche Nüsse durften nun einfach liegen bleiben. Luna erinnerte sich später ganz genau, wo sie etwas deponiert hatte. Im Winter suchte sie zielstrebig ihre verschiedensten Versteckorte auf und nutzte gute Plätze im Folgejahr erneut. Bei der Vielzahl an Verstecken bleibt aber natürlich auch mal etwas liegen und selbst auf meiner Terrasse sind mitten in den Blumentöpfen schon einige Haselsträucher entsprossen.

Luna hilft beim Schälen von Walnüssen, aber der angewiderte Blick zeigt, dass die noch grüne Schale einfach scheußlich schmeckt – dann doch schnell wieder ausspucken.

*Lunas Ohren-
pinsel beginnen
zu wachsen.*

*So sieht die fertige
Pinselpracht aus.*

FELLWECHSEL

Ende September beginnt die Pinselsaison und an den Ohren der Eichhörnchen beginnen kleine Härchen zu wachsen. Erste Anzeichen gab es bei Luna, als der obere Bereich ihrer Ohren einen dunklen Farbton bekam. Das erste Mal konnte ich es kaum erwarten, Luna in ihrem Winterkleid sehen zu dürfen. Als die feinen Pinselhärchen endlich zu sprießen begannen, sah sie von Tag zu Tag witziger aus. Die Haarpracht wurde immer buschiger und fiel schließlich oben schön auseinander. Luna war wunderschön, die dunkle Ohrdekoration stand ihr ausgesprochen gut. Insgesamt dauerte es etwa sechs Wochen, bis ich die fertige Pinselpracht von 3 bis 4 cm Länge bestaunen durfte. Gleichzeitig wurde ihr Fell wesentlich dichter und bekam vor allem an den Flanken einen leichten Grauton. Besonders süß sah Luna bei Regenwetter aus. Ihre Pinselhärchen verklebten miteinander und sie lief mit zwei langen Antennen an den Ohren herum.

Der Fellwechsel tritt bei Eichhörnchen zweimal im Jahr auf. Er erstreckt sich jeweils über mehrere Wochen. Im Herbst beginnt die Veränderung an der Schwanzwurzel und verläuft schließlich bis hin zum Kopf, im Frühjahr erfolgt der Haarwechsel in umgekehrter Reihenfolge. Das oft gräulich schimmernde Winterfell besteht aus einem dichten, kurzhaarigen Unterfell und langen Deckhaaren. Es lässt Eichhörnchen wesentlich fülliger erscheinen als im Sommerfell und bietet einen guten Schutz vor der Kälte.

Im Gegensatz zum restlichen Körper gibt es beim Schweif und an den Ohren nur einmal pro Jahr einen Fellwechsel. Der Schweif wird umgangssprachlich auch als Puschel bezeichnet. Er bekommt nach dem Frühjahrsfellwechsel sein neues Haarkleid und kann in der Zeit davor manchmal nur recht spärlich behaart sein.

Die Ohrenpinsel wachsen im Herbst und fallen im Frühjahr meist weitgehend wieder aus. Einige Hörnchen tragen aber selbst im Sommer noch ein paar wenige Restpinselhärchen.

Bei manchen Tieren erkennt man Fellwechselstörungen. Mitten im Fell haben sie dann kahle Flecken, sodass die Haut sichtbar wird. Die betroffenen Stellen sind mitunter recht groß. Es können jedoch auch Parasiten oder Hautpilz die Ursache von fehlendem Fell sein.

Bei säugenden Muttertieren kann es bei schnell aufeinanderfolgenden Schwangerschaften vorkommen, dass sich sowohl der Frühjahrs- als auch der Herbstfellwechsel zeitlich stark verschieben.

AKTIVITÄTSPHASEN

Eichhörnchen sind tagaktiv. Während sie im Sommer frühmorgens und abends auf Nahrungssuche gehen, gibt es im Winter nur eine Aktivitätsphase von wenigen Stunden, die üblicherweise in den Morgenstunden beginnt. Den Rest des Tages schlafen sie, denn sie halten Winterruhe, was nicht zu verwechseln ist mit Winterschlaf, der mit einer drastischen Reduktion von Körpertemperatur, Herzschlag und Atemfrequenz einhergeht.
An besonders kalten Tagen kann es gelegentlich vorkommen, dass das Nest gar nicht verlassen wird.

Bei den täglichen Aktivitätsphasen wird oft ein Höchstmaß an Leistungen vollbracht. Doch entgegen dem, was man vermuten könnte, haben Eichhörnchen nur eine eingeschränkte Ausdauer. Ihr Herz schlägt schon in Ruhephasen sehr schnell. Sind Eichhörnchen längere Zeit Stresssituationen ausgesetzt, kann ihr Leben auf dem Spiel stehen.

Die quirligen Wesen brauchen daher zwischendurch immer wieder ausreichende Erholungspausen, die sie teils urplötzlich einlegen. Oft halten sie dabei sehr nett ihre eingerollten Pfötchen direkt vor der Brust.

Nach den hektischen Tagen im Herbst tat Luna die Winterruhe richtig gut. Sie sah von Tag zu Tag erholter und entspannter aus. Selbst wenn es richtig kalt war, kam sie mindestens einmal täglich auf die Terrasse. Wenn sie sich zwischendurch ein Päuschen gönnte und mit verträumtem Blick in die Gegend schaute, sah sie besonders entzückend aus.

Luna muss sich zwischendurch ein Päuschen gönnen.

Auch im Winter gehen Eichhörnchen auf Nahrungssuche.

INNERARTLICHE KOMMUNIKATION

Sie sind zwar nicht besonders gesprächig, doch wenn es sein muss, können Eichhörnchen ganz schön schimpfen. Ihren Unmut oder Aufregung bringen sie dabei mit lauten Tschuk-Tschuk-Rufen zum Ausdruck. Gleichzeitig trippeln sie mit den Füßen und zucken mit dem Schwanz. Geraten sie in Panik oder befinden sie sich in einer Notsituation, stoßen sie einen schrillen hohen Ton aus.
Während der Paarungszeit hört man bei Männchen oft leise Wuck-Wuck-Töne. Sie ahmen damit Jungtiere nach, um während der Balz beruhigende Signale an das Weibchen auszusenden. Jungtiere halten mit Wuck-Wuck-Lauten Kontakt zu ihrer Mutter und verständigen sich damit untereinander. Fühlen sich Jungtiere von Artgenossen in die Enge getrieben, geben sie kurze Quiektöne von sich. Dieser Ton ist manchmal auch bei spielerischen Balgereien zu vernehmen.
Eine weitaus größere Rolle als akustische Signale spielen bei der Kommunikation die Körpersprache und der Geruchssinn. Neben der Haltung des Körpers und der Stellung der Ohren ist vor allem der buschige Schweif ein wichtiges innerartliches Ausdrucksmittel, mit dem zum Beispiel durch Wedeln Erregung oder durch enges Anlegen an den Körper große Anspannung gezeigt wird. Auch das Zucken des Schwanzes beim Imponierlaufen während der Balz ist ein Zeichen höchster Aufregung. Ist Eichhörnchen etwas suspekt, pirschen sie sich mit lang gestrecktem Körper und seitlich abgespreizten Hinterbeinen ganz vorsichtig und zögerlich heran und halten gleichzeitig den Schweif dicht über dem Rücken.

Dem Jungtier Leona ist die Schale mit den Melonenstücken suspekt. Mit angespannter Haltung pirscht sie sich heran.

Mittels Drüsensekrete oder über den Urin hinterlassen Eichhörnchen individuelle Duftmarken. Sie geben mit solchen Markierungen nicht nur sich selbst, sondern auch Revieransprüche zu erkennen und Weibchen vermitteln darüber hinaus damit ihre Paarungsbereitschaft. Sehr typisch ist in diesem Zusammenhang das Reiben des Kinns an einem Ast, da sich links und rechts der Kinnregion mehrere Duftdrüsen befinden. Auch über die Duftdrüsen an den Fußsohlen werden Markierungen gesetzt.

Jungtiere wie hier Napoleon und Lucien geben bei spielerischen Rangeleien manchmal Quiektöne von sich.

KÖRPERPFLEGE

Eichhörnchen sind sehr reinliche Tiere. Damit sich möglichst wenige Ektoparasiten im Fell einnisten, betreiben sie täglich eine intensive Körperpflege. Ihr Gesicht säubern Eichhörnchen mithilfe der Vorderpfoten. Besonders nett sieht es aus, wenn sie gleichzeitig die Ohrenpinsel von hinten nach vorne streichen. Um sich am Körper zu kratzen, werden die Hinterpfoten eingesetzt. Das Fell und den Schweif durchforsten sie zudem unter größten Verrenkungen mit den Zähnen.

Wenn Eichhörnchen bei dem ganzen Prozedere auf einem dünnen Ast sitzen, sind höchste Anforderungen an den Gleichgewichtssinn gestellt. Jungtiere kippen beim Putzen gern mal ein wenig zur Seite weg, denn ihre koordinativen Fähigkeiten sind noch nicht ausgereift. Ihre Vorderpfötchen lecken Eichhörnchen gründlich mit der Zunge ab, was man oft beobachten kann, wenn sie gerade ihre Mahlzeit beendet haben. Selbst Zahnpflege kann auf dem Programm stehen. Dafür verwenden Eichhörnchen Baststreifen, die sie zur Reinigung von Zahnzwischenräumen wie Zahnseide einsetzen.

Der Schweif hat viele Funktionen und kann auch als Regenschirm dienen.

Das gefallene Laub erlaubte mir im Winter, das Ritual der Köperpflege hin und wieder zu beobachten. Bereits am frühen Morgen nahm sich Luna mehr als 30 Minuten Zeit, um sich im Baum einer ausgiebigen Fellpflege zu widmen. Sie ging dabei sehr gründlich vor. Mario hingegen startete manchmal direkt auf meiner Terrasse sein Putzprogramm, wenngleich er sich nie so lange Zeit ließ wie Luna. Er liebte es außerdem, sich im feuchten Moos zu wälzen. Auch das ist eine Art, wie man sich lästiger Parasiten entledigen kann. Ab und zu durfte ich sogar Jungtieren bei der Fellpflege zusehen.

Gründliche Körperpflege ist sehr wichtig, wobei manchmal höchste Verrenkungen notwendig sind. Das Fell und der Schweif werden dabei mit den Zähnen durchforstet.

ANATOMISCHE BESONDERHEITEN

Die Gliedmaßen von Eichhörnchen weisen einige Eigenheiten auf. Während an den Füßen nur kleine Ballen vorhanden sind, besitzen die Hände deutlich größere Ballen, um nach einem Sprung die Landung zu dämpfen. Eichhörnchen haben es der speziellen Anatomie ihrer großen Füße zu verdanken, dass sie auch baumabwärts sehr flink sind. Die Füße können am Sprunggelenk um 180 Grad nach außen gedreht werden und erlauben so ein Aufliegen der gesamten Fußfläche am Untergrund sowie ein stabiles Einhaken mit ihren fünf langen Krallen an der Baumrinde. Beim Klettern werden darüber hinaus die kräftigen Hinterbeine zur Seite hin abgespreizt, sodass der Körperschwerpunkt nahe dem Stamm liegt.

Wenn man Eichhörnchen beim Fressen zusieht, ist es immer wieder beindruckend, wie geschickt sie beim Bearbeiten von Nahrung mit den Vorderpfötchen umgehen. Diese haben nur vier lange Finger und einen sehr kurzen Stummeldaumen, dem noch ein winziger Nagelrest anhaftet. Zwischen den Stummeldaumen halten Eichhörnchen kleinere Nahrungsstücke fest und beißen Stück für Stück davon ab. Gleichzeitig wird manchmal die Schale einer Nuss oder eines sonstigen Fundstücks mit den Fingern fest umklammert.
Eichhörnchen verstehen es sehr gut, ihren hübschen Schweif in Szene zu setzen. Besonders elegant sieht es aus, wenn sie ihn ganz lässig über den Rücken fallen lassen. Der Schweif eines Eichhörnchens ist gescheitelt und meist nur wenig kürzer als der etwa 20 bis 25 cm lange Körper. Vereinzelt ragt er bei dichtem Anlegen an den Rücken bis über den Kopf hinaus. Bei Regenwetter kann es sehr praktisch sein, wenn der Puschel gleichzeitig als Regenschirm dient. Allgemein ist der Schweif nicht nur ein besonderes Schmuckstück, sondern ihm kommen sehr viele Aufgaben zu. Je nach Umgebungstemperatur trägt er dazu bei, Wärmeverluste zu reduzieren oder überschüssige Wärme abzuleiten. An kalten Tagen oder nachts können sich die Tiere damit zudecken. Abgesehen davon dient er zum Balancieren auf dünnen Ästen, zum Steuern bei weiten Sprüngen und ist darüber hinaus ein wichtiges innerartliches Ausdrucksmittel.

Als Nagetiere haben Eichhörnchen im Ober- und Unterkiefer, neben Backen- und Lückenzähnen, jeweils zwei lange Schneidezähne, mit denen sie harte Nahrung bearbeiten. Aufgrund der starken Abnutzung beim Nagen wachsen sie mit etwa 1 cm pro Monat permanent nach. Eine exakte Stellung der oberen und unteren Schneidezähne zueinander ist extrem wichtig. Die Zähne müssen sich berühren, um sich gegenseitig schärfen und abwetzen zu können. Gesund und kräftig ist ein Zahn, wenn er eine orangegelbe Farbe aufweist. Damit Eichhörnchen ihre nachwachsenden Schneidezähne ausreichend abnutzen, ist es sehr wichtig, ihnen beim Zufüttern auch Nüsse mit Schale anzubieten.

Eichhörnchen besitzen fünf Zehen an den Hinterfüßen, aber nur vier Finger und einen kleinen Stummeldaumen an den Vorderfüßen.

Mit den Stummeldaumen lassen sich Nahrungsstücke gut festhalten.

Geschickt bündelt Luna Bast für ihren Kobel zusammen.

DER KOBEL

Die Nester von Eichhörnchen nennt man Kobel. Diese werden zumeist in Astgabeln nahe am Stamm weit oben im Baum gebaut. Sie haben mindestens zwei Zugänge, um einem eventuellen Angreifer entwischen zu können. Der Bau eines Baumkobels erfordert viel Geschicklichkeit und kann bis zu fünf Tage in Anspruch nehmen. Die Basis besteht aus Zweigen und daran haftenden Blättern, die mithilfe der Pfötchen und dem Maul ineinander gesteckt werden. Unerfahrene Jungtiere greifen hierbei gern auf verlassene Vogelnester zurück oder belegen frei gewordene Nester anderer Eichhörnchen. Auch Baumhöhlen eignen sich sehr gut als Unterschlupf.

Bei einem geeigneten Standort sind noch weitere Bäume in der näheren Umgebung, um gute Fluchtmöglichkeiten zu bieten. Bevorzugt werden Nadelbäume, da sie auch im Winter eine gute Tarnung und besseren Schutz vor Witterungseinflüssen bieten. Vor allem Kobel, die im Winter genutzt werden, schützen mit mehr als 5 cm Wanddicke vor rauer Witterung, sind wasserdicht und können zwei bis drei Jahre lang halten. Der Durchmesser beträgt meist 30 bis 45 cm.

Das Innenleben eines Kobels besteht aus reichlich kuschligen Materialien wie Moos, Gräsern, Blättern oder Bast. In Siedlungsnähe werden von Eichhörnchen gern Dachvorsprünge oder mit Efeu bewachsene Hausfassaden für den Bau eines Nestes genutzt.

Eichhörnchen haben stets mehrere Kobel gleichzeitig und wechseln bei zu hohem Parasitenbefall das Quartier. Insbesondere bei der Jungenaufzucht ist es wichtig, dass es einen großen Ersatzkobel gibt. Neben den Nachtkobeln gibt es solche, die nur tagsüber zum Ausruhen genutzt werden. Diese sind in der Regel recht dürftig ausgestattet. Manche Eichhörnchen nehmen gern extra für sie konstruierte Nistkästen aus Holz an. Diese sollten zwei bis drei Ein- bzw. Ausgänge mit einem Durchmesser von etwa 7 cm haben. Ideal ist es, wenn das Dach zum Abhalten von Regen übersteht und mit Dachpappe verkleidet ist. Zur Reinigung sollte es zudem eine Möglichkeit geben, den Nistkasten zu öffnen. Je getarnter und höher man solch einen Holzkobel aufhängt, umso größer ist die Chance, dass jemand einzieht.

Im Frühjahr konnte ich Luna einige Male zuschauen, wie sie einen Zweig nach dem anderen abbiss und einzeln zu einem von Efeu gut geschützten Bergahorn brachte, der an den Garten vor meinem Haus angrenzt. Weit oben am Hauptstamm baute sie einen Kobel. Die sperrigen Stöckchen quer im Maul waren beim Rückweg teils sehr hinderlich. Ich konnte Luna auch beobachten, wie sie Bastfasern von einem Ast abzog und diese mithilfe der Vorderpfoten sorgfältig vor ihrem Mäulchen zusammenbündelte. Es war beeindruckend, wie geschickt sie sich dabei zeigte.

Muckel bewacht Lunas Prachtkobel.

Für die Kobeleinrichtung nimmt Luna kuschliges Material mit.

Damit sich die Hörnchen ihren Kobel warm und kuschlig einrichten können, bot ich zusätzlich diverse Materialien an wie Vlies, Holzwolle, Jutestoff, Naturwolle und Moos. Nur Luna war daran interessiert und sie bediente sich – neben Moos – fast ausschließlich an der weichen Naturwolle. Zum Transport bündelte sie die Stücke wie Bastfasern zusammen. Einmal nahm Luna viel zu viel mit und ich war heilfroh, dass sie den Sprung von der Regenrinne in den Baum schaffte. Wenn Eichhörnchen ein zu großes Stück transportieren und mit den Hinterpfoten darauf zu stehen kommen, kann beim Losspringen wegen der Blockade einiges schief gehen. Seither biete ich nur noch wenige Stücke in ganz klein geschnittener oder klein gerupfter Form an. Ein anderes Mal wollte Luna eine Fahne von meiner Terrasse klauen, doch diese war zu fest mit einem Holzstöckchen verbunden.

Wenn im Herbst die Blätter fielen, war es immer spannend zu sehen, was dabei zum Vorschein kam. Am meisten beeindruckte mich ein kugeliges Gebilde, das ich 2016 in etwa 20 Meter Höhe entdeckte. Es war ein Meisterwerk von einem Kobel mit etwa 40 cm Durchmesser. Weil er so riesig war, vermute ich, dass Luna darin ihren Nachwuchs großzog. Bald stellte ich fest, dass Luna seinerzeit sogar darin wohnte. Sie hielt sich dort von Mitte November bis zum Anfang des Folgejahres auf und ging meist zur Mittagszeit nach Hause. Wenn Luna im Kobel verschwand, hielt an manchen Tagen ihr treuer Freund Muckel bis zu zweieinhalb Stunden lang darunter oder daneben Wache, damit sich ja kein anderer seiner großen Liebe nähert. Der kleine Kerl war hinreißend. Bestimmt hätte er sich gern mit Luna zusammengekuschelt, doch das erlaubte sie ihm nicht. Wenn es im Winter sehr kalt wird, kann es aber schon mal vorkommen, dass sich nachts mehrere Eichhörnchen gegenseitig wärmen. Speziell, wie sie nun mal ist, bevorzugte Luna aber oft Nachtquartiere hoch oben auf den Dächern. Per Teamwork gelang es mir zusammen mit meinem Partner etliche ihrer Verstecke aufzuspüren. Einer von uns stand dafür auf der Terrasse und gab per Telefon Signal, als Luna loslief. Der andere wartete auf der Straße und konnte von dort ihren Weg weiterverfolgen.

Jedes Mal, wenn ich Lunas neues Zuhause sah, hielt ich vor Schreck die Luft an. Man braucht wirklich gute Nerven, wenn man einem echten Großstadthörnchen hinterherspioniert. In vielen Fällen war der Eingang zu ihrem Schlupfloch unter einer Regenrinne und sie musste kopfüber dort hineinklettern. Luna bewältigte solche Einstiege spielerisch und war innerhalb von wenigen Sekunden verschwunden. Mir war trotzdem immer mulmig zumute, denn darunter ging es mindestens 20 Meter in die Tiefe. Immerhin war sie dort gut geschützt und hatte ein trockenes Dach über dem Kopf.

Auch Mario wohnte lange Zeit unter einem der Dächer. Den Eingang zu seinem Versteck hatte ich gut im Blick, wenn ich mich im Badezimmer weit aus dem Fenster beugte. Kurz bevor Mario in seinem Kobel verschwand, ließ er manchmal noch seinen Blick über Frankfurts Skyline schweifen und er schien zufrieden und stolz dabei zu sein. Einmal sah ich, wie Muckel vor ihm den Dachkobel besetzte. Als Mario nach Hause kam und das merkte, suchte er sich zu meinem höchsten Erstaunen, ohne Rambazamba, einfach einen anderen Schlafplatz.

Oben links:
Mario lässt seinen Blick über die Stadt schweifen.

Oben rechts:
Links oben ist der Einstieg zu seinem Versteck.

Unten links:
Luna lugt aus ihrem Dachversteck heraus.

*Ein hübscher Bewerber ist in das Revier von Luna eingedrungen.
Ob er bei ihr punkten kann?*

PAARUNGSZEIT

Bei milden Temperaturen kann die Paarungszeit bereits Ende Dezember beginnen. Sie erstreckt sich bis in den Juli. Unter idealen Bedingungen können erfahrene Weibchen zwei Würfe im Jahr haben. Auch möglich, aber eher selten, sind drei Würfe pro Jahr. Voraussetzungen für die Paarungsbereitschaft eines geschlechtsreifen Weibchens sind ein eigenes Revier, ein hinreichendes Nahrungsangebot, ein guter gesundheitlicher Zustand und vor allem ein ausreichendes Gewicht.

Eichkater können die Duftsekrete empfängnisbereiter Eichkatzen bis auf eine Entfernung von 1,5 km riechen und werden davon angelockt. So kommt es, dass meist mehrere Männchen in das Revier eines Weibchens eindringen und an der darauffolgenden wilden Paarungsjagd teilnehmen. In rasantem Tempo flitzen die Eichhörnchen von Baum zu Baum und mitunter kann es zu heftigen Kämpfen kommen. Die Männchen müssen den Weibchen ihre Stärke unter Beweis stellen. Ranghohe Männchen versuchen dabei, selbst möglichst nahe an das Weibchen heranzukommen und gleichzeitig andere Bewerber zu vertreiben. Immer wieder laufen sie schnuppernd und Wuck-Wuck-rufend auf die Auserwählte zu und testen ihre Reaktion.

Zur Paarungszeit werden Weibchen auf Schritt und Tritt von Eichkatern verfolgt.

Bei dem ganzen Geschehen hat das Weibchen stets die Oberhand. Ihre anfängliche Flucht wird immer mehr zu einem eher symbolischen Davonlaufen. Bis das Weibchen ihre Sprödigkeit verliert und zur Begattung bereit ist, können mehrere Tage vergehen. Da Eichhörnchen Einzelgänger sind, hat das Paar anschließend keine enge Bindung mehr zueinander. Ihre Wege können sich aber nach wie vor kreuzen, vor allem wenn es gemeinsame Futterplätze gibt. Es kann auch vorkommen, dass sich ein Weibchen mit mehreren Eichkatern paart und die Babys aus einem Wurf unterschiedliche Väter haben.

Etwa ein Jahr nachdem ich Luna kennenlernte, fanden bei uns im Hinterhof wieder einmal wilde Paarungsjagden statt. Alles drehte sich um Luna, die auf Schritt und Tritt von ihren Verehrern verfolgt wurde, die ja nichts verpassen wollten. Äußerst interessant war dabei das Zusammenspiel von Mario und Muckel, die neben einem weiteren roten Eichkater die männlichen Hauptakteure waren. Mario präsentierte sich eindeutig als der dominante Bewerber, der es nicht duldete, dass Muckel in die Nähe von Luna kam. Er selbst näherte sich Luna sehr behutsam und vorsichtig und ließ sie nicht aus den Augen.

Wo Luna war, war in der Regel auch Mario. Meist saß er ein paar Meter über ihr im Baum. Seine Posen und Blicke, mit denen er sie bewunderte, waren bezaubernd. Muckel hingegen war sehr hartnäckig und nutzte Marios Erholungspausen, um sich Luna anzunähern. Er war ihr gegenüber viel aufdringlicher als Mario und es fehlte ihm jegliches Feingefühl. Wenn Luna den Sitzplatz wechselte, schnüffelte Muckel hinterher jeden Quadratzentimeter ab, auf dem sie zuvor gesessen hatte. Manchmal zeigte Muckel auch Übersprungshandlungen, indem er vor lauter Verzweiflung kräftig in einen Ast biss. Zu nahe durfte Luna niemand kommen. Sie brauchte nur ein wenig zu zucken und schon nahmen die kleinen Herumschnüffler wieder Abstand ein. Erschöpft von den wilden Jagden durch die Baumkronen sackten beide Eichkater oftmals, leise vor sich hinwuckelnd, förmlich in sich zusammen.

Am Vormittag des 18. April 2015 wurde ich beim Beobachten des Treibens in den Bäumen schließlich Zeuge der Paarung von Luna und Mario. Das Ganze dauerte nur etwa ein halbe bis eine Minute und danach waren beide damit beschäftigt sich ausgiebig zu putzen. 30 Minuten später kam Luna auf meine Dachterrasse, um sich zu stärken. Mario lief hinterher. Er schien auf sie aufzupassen.

Ab und zu fielen ihm dabei die Augen zu und einmal gab er eine Folge lang gezogener hoher Klagetöne von sich, die ich bislang sehr selten bei Eichhörnchen gehört habe. Luna verschwand anschließend in ihrem Nest, hoch oben im Bergahorn und Mario hielt weitere eineinhalb Stunden lang direkt daneben Wache, bevor er selbst nach Hause ging. Auch in der Folgezeit hielt sich Mario noch oft in der Nähe seiner Freundin auf und Luna schien das nicht sonderlich zu stören.

Mario schaut mit bezauberndem Blick in Richtung Luna.

Nach den wilden Paarungsjagden ist Mario sehr erschöpft.

Auch Muckel hat einen Durchhänger.

GEBURT UND AUFZUCHT DER JUNGEN

Mit einem Wurf gebären Eichhörnchen zwischen zwei und sechs Junge. Diese kommen nach 38 bis 42 Tagen Tragzeit nackt, blind und taub zur Welt. Ihr Gewicht beträgt mit etwa 10 Gramm nur 2,5 bis 3 % von dem eines erwachsenen Tieres. Der Nachwuchs wird ausschließlich vom Weibchen versorgt. In der Anfangszeit bedarf es einer intensiven Betreuung, bei der die Jungtiere alle zwei bis drei Stunden gesäugt werden. Um das Harnlassen zu stimulieren, leckt das Muttertier hinterher ihre Genitalien. Nach einer Woche zeigen sich die ersten Haarspitzen. Nach zwei Wochen bedeckt ein leichter Flaum den Körper, wobei Bauch und Beine zunächst noch unbehaart sind. Die Schwanzhaare sind anfangs nur kurz und es dauert noch ein paar Wochen, bis diese schön buschig auseinanderfallen. Erst im Laufe der 5. Woche öffnen sich die Augen und Ohren. Während sich die unteren Schneidezähne nach drei Wochen zeigen, brechen die oberen Schneidezähne erst in der 5. bis 6. Woche durch. Mit sechs Wochen wird zum ersten Mal vorsichtig das Nest verlassen, wobei sich die Jungen zunächst nicht weiter als 20 cm vom Kobel entfernen. Sie sind zu diesem Zeitpunkt noch recht tapsig und wiegen etwa 100 Gramm.

Häufig erfolgt etwa sechs Wochen nach der Geburt ein Umzug in einen anderen Kobel. Die Jungen werden dabei einzeln mit einem Biss in die Bauchfalte gepackt und als kleines, um den Kopf der Mutter zusammengerolltes Bündel transportiert. In der Folgezeit werden die Kleinen agiler und die Wegstrecken größer. Sie probieren die erste feste Nahrung, werden aber immer noch von der Mutter gesäugt. Etwa zehn Wochen nach der Geburt ist der Nachwuchs weitgehend selbstständig und die Nähe zur Mutter löst sich auf. Gegen Ende der Säugezeit kann bereits die nächste Paarung stattfinden.
Die Kinder sehen zu dem Zeitpunkt schon aus wie erwachsene Hörnchen, sind aber nur etwas mehr als halb so groß und haben noch ein recht zartes, fluffiges Fell. Sie sind sehr aufmerksam und reagieren blitzschnell auf jedes suspekte Geräusch in der Umgebung. Für ihre Entwicklung sind der Kontakt mit Geschwistern und das spielerische Lernen von

Luna ist hochschwanger.

Mario bewacht Luna nach der Paarung ganz genau.

beispielsweise Drohung, Angriff und Verteidigung enorm wichtig. Dabei werden schon früh überlebenswichtige Strategien einstudiert. Der Spieltrieb junger Eichhörnchen ist recht ausgeprägt. Sie versuchen sich gegenseitig zu fangen, tollen miteinander herum, wälzen sich gern auf weichen, moosigen Unterlagen und untersuchen recht gründlich ihre Umgebung und potenzielle Nahrung.

Erst 30 Tage nach der Paarung wurde Luna täglich ein wenig fülliger. Sie gebar nach etwa 40 Tagen Tragzeit unter einem Dachvorsprung, direkt unterhalb meines Küchenfensters. Ich war fasziniert und schockiert zugleich, denn das Schrägdach unterhalb des Geburtskobels war mit etwa 40 Grad Neigung recht steil. Die Absturzgefahr für Lunas Kinder schien groß zu sein, doch ich fand mit einer zurechtgesägten Holzanlegeleiter eine gute Lösung. Es war Maßarbeit, diese so in zwei große Metallhaken einzuhängen, dass ein längerer Holm direkt unterhalb des Nestes platziert war. Als Luna von ihrem Ausflug im Hinterhof zurückkam, schnupperte sie nur kurz an dem fremden Gegenstand, störte sich aber nicht weiter daran. Alles schien gut zu sein. Doch dann wurden wir vom hessischen Hitzerekord überrascht. Der Dachvorsprung stand abends in der vollen Sonne. Kurz entschlossen opferte ich daher einen weißen Bettbezug als Sonnenschutz, den ich stündlich mit etwas kaltem Wasser übergoss. Sehr unerfreulich waren auch die vielen Sommergewitter, denn der Bereich um Lunas Einstiegsstelle verwandelte sich in einen Wasserfall und die Dachschindeln wurden extrem rutschig. Doch trotz dieser Widrigkeiten meisterte es Luna immer wieder gut nach Hause zu kommen.

Beim Umzug werden die Kleinen einzeln von der Mutter in den neuen Kobel gebracht.

Nach etwa sechs Wochen kehrte Luna nicht mehr zum Dachvorsprung zurück. Sie war umgezogen, doch leider bekam ich das nicht mit. Am Rande ihres weißen Bauchfells standen jedoch mittlerweile ausgeprägt die Zitzen hervor, die an einzelnen Tagen sogar etwas gerötet waren. Ihrem Nachwuchs schien es demnach gut zu gehen. Nach dem Umzug war Luna fleißig dabei, ihren Kobel im Bergahorn auszubessern und neu einzurichten. Später stellte sich heraus, dass sie, vermutlich nach einem weiteren Umzug, tatsächlich ihren Nachwuchs dorthin brachte.

Bei der säugenden Mama Luna sind die Zitzen deutlich zu sehen.

DER NACHWUCHS

Zuckerschock, Herzklopfen, Gänsehaut – ich hatte alles auf einmal! Ende Juli stand hinter dem Margeritenstrauch auf meiner Dachterrasse ein kleines Minihörnchen und schaute mich erschrocken an. Keiner von uns beiden bewegte sich. Das hübsche Wesen mit dem langen, buschigen Puschel war erst knappe neun Wochen alt und es war das erste Junghörnchen, das ich aus solcher Nähe betrachten durfte. Weil das Kleine eine gewisse Ähnlichkeit mit Luna hatte, dachte ich zunächst, es sei ein Mädchen, und vergab den Namen Kim. Später stellte sich jedoch heraus, dass es ein Bub war. Egal, der Name passte auch dafür.

Doch alle guten Dinge sind drei und so fanden in den folgenden Tagen mit Sammy und Leona zwei weitere Hörnchenkinder zu mir. Alle drei waren bezaubernd und machten trotz der Hitze einen recht fitten Eindruck. Sie waren sowohl vom Aussehen als auch vom Verhalten her vollkommen unterschiedlich.

Kim war mutig und wenig scheu und schien in der Entwicklung den anderen voraus zu sein. Mit strahlenden Kinderaugen versuchte er sofort Haselnüsse aufzunagen und hatte, mit einer speziellen Schreddertechnik, recht bald Erfolg. Kim untersuchte alles, sogar den höchsten Wipfel meines zwei Meter hohen Kastanienbaumes. Kurzzeitig interessierte er sich auch für Chrysanthemenblüten und biss ein paar Mal in diese hinein. Gott sei Dank hat ihm das nicht geschadet.

Der leuchtend rote Sammy hatte ein schmales Gesicht, kaum Ehrgeiz, selbst eine Nuss zu öffnen, und erschrak jedes Mal, wenn hoch über ihm ein Flugzeug flog. Eindeutiges Erkennungsmerkmal war seine Schweifspitze, da dort ein kleines Stück fehlte. Sammy war verspielt und stürzte sich manchmal regelrecht auf eines seiner Geschwisterchen, um gemeinsam herumzutollen. Eine besondere Vorliebe hatte er für Nelkenblüten, in die er immer wieder genüsslich hineinbiss.

Leona war die Vorsichtigste von allen. Mit einem schwarz eingesäumten Puschel war sie bildhübsch. Sie versteckte sich gern in möglichst dunklen Ecken oder schnappte sich nur ein Knabberteilchen und lief damit schnell in den Ahornbaum zurück. Besonders angetan war Leona von einem kleinen Körbchen mit Efeu. Sie war ganz wild danach, warf es eine Zeit lang täglich um und räumte es komplett aus.

Es war unbeschreiblich schön, so hautnah mitverfolgen zu dürfen, wie schnell Lunas Kinder sich weiterentwickelten. Sie wurden gewandte und flinke Kletterer. Kaum hatten sie zu mir gefunden, bezog Luna schon ein neues Nachtquartier. Sie verschwand abends über den Dächern und ließ ihre Kleinen allein im Bergahorn übernachten. Luna war eine strenge Mama. Sie leitete sehr schnell die Entwöhnungsphase ein und zeigte sich diesbezüglich recht konsequent. Auch tagsüber ließ sie die Kleinen nicht mehr an sich herankommen.

Erster Blickkontakt mit dem neun Wochen alten Kim.

Der kleine Kim bei den ersten Schredderversuchen.

Sammy haben es die Nelken ganz besonders angetan.

Die kleine „Wühlmaus" Leona räumt täglich das Körbchen aus.

Schon nach kurzer Zeit fing Lunas Nachwuchs an die Gegend zu erkunden und zeigte sich nicht mehr täglich. Die jungen Hörnchen waren zwar noch vergleichsweise klein, doch selbstständig genug, sich auf den Weg zu machen und ein eigenes Revier zu suchen. Drei Wochen nachdem ich sie zum ersten Mal gesehen hatte, verschwand erst Kim und darauf Leona. Sammy blieb insgesamt eineinhalb Monate, dann ging auch er seinen eigenen Weg.

Doch was war es für eine Freude, als Sammy Ende Oktober und damit sechs Wochen später wieder auftauchte. Er war am markanten Ende seines Schweifs zweifellos zu erkennen. An der im Sommer noch kahlen Bruchstelle waren dort mittlerweile schöne, buschige Haare nachgewachsen. Es war etwas ganz Besonderes, wie er durch sein Zurückkommen bewies, dass er gut in der Großstadtwildnis zurechtkam und seine Erfahrungen sammelte. Man weiß ja nie genau, was passiert, wenn Hörnchen von einem Tag auf den anderen verschwinden.

Luna duldete Sammys Rückkehr. Mit Mario kam es jedoch regelmäßig zu wilden Verfolgungsjagden quer durch den ganzen Hinterhof. Sammy bewies dabei eindeutig die bessere Ausdauer und ließ sich nicht unterkriegen. Er wohnte im nördlich benachbarten Hinterhof, der nur über ein Baugerüst zu erreichen war. Als das Gerüst im Sommer des Folgejahres abgebaut wurde, war es für Sammy leider nicht mehr möglich, auf diesem Weg zu mir zu kommen.

In den folgenden zwei Jahren bekam Luna erneut Nachwuchs. 2016 hatte sie insgesamt drei Würfe und 2017 waren es zwei Würfe. Dreimaliger Nachwuchs in einem Jahr ist nur möglich, wenn der erste Wurf bereits im Dezember gezeugt wird. Es ist zu vermuten, dass das Überangebot an Nahrung Luna dazu bewegte. 2016 war ein Buchenmastjahr und auch sonst hatten die Bäume viel zu bieten. Zu manchen Zeiten war Luna unverkennbar eine säugende Mama. Sogar mit dichtem Winterfell waren ihre Zitzen zu sehen oder zumindest zu erahnen, weil das Fell rundherum sehr wuschelig erschien.

Im Rückblick wiederholten sich bei Luna viele Verhaltensweisen und Besonderheiten im Zusammenhang mit ihrem Nachwuchs. An den Tagen rund um die Geburt hielt sie ihre Hinterbeine häufig in einer Streckstellung und sprang umher wie ein kleines Känguru. Wenn sie hochschwanger war, hinterließ sie mir zudem jedes Mal ein Häufchen von etwa 0,5 cm großen Köddeln auf der Terrasse. Sonst passierte ihr das nie! Im Umkehrschluss waren ihre Hinterlassenschaften ein sicheres Indiz für eine Schwangerschaft.

Während der Säugephase hatte Luna einen hohen Bedarf an Mineralstoffen und schleckte des Öfteren gierig meine Blumentöpfe ab. Auf einen Tipp einer lieben Eichhörnchenfreundin hin besorgte ich daher Hirschgeweihstücke für Nager. Sie enthalten sehr viele Nährstoffe und Mineralien und sind zudem ideal für das Abwetzen von Nagetierzähnen. Luna zeigte sich ganz wild danach und es war toll, ihren Bedürfnissen damit nachkommen zu können. Eine Zeit lang nagte sie täglich daran und fand immer wieder ein anderes Versteck für die kostbare Ware auf meiner Terrasse. Am Tag danach wusste Luna ganz genau, wo das gute Stück deponiert war, und suchte oft als Erstes diesen Platz auf. Mit dem Ende der Stillphase ebbte das Interesse nach und nach wieder ab.

Sammy ist zurück.
An seiner Puschelspitze sind
Haare nachgewachsen.

Selbst mit Winterfell ist erkennbar, dass Luna ein säugendes Muttertier ist.

Hier nagt Luna an einem Stück Hirschgeweih, um Mineralien aufzunehmen.

Im Sommer chillt Luna gern in der Regenrinne.

Insgesamt ernährte sich Mama Luna während der Schwangerschaft und Stillphase sehr gesund und abwechslungsreich. Solange sie ein säugendes Muttertier war, waren zum Beispiel Karottenstücke und Champignons sehr gefragt. Verbleibende Reste wurden stets gut versteckt.

Luna konnte Unmengen an Futter verdrücken. Nur an einem Abend verspeiste sie neben kleinen Obst- und Gemüsestücken 14 Baum-Hasel, 4 Haselnüsse, 1,5 große Walnüsse, 1,5 Cashewnüsse und 6 Bucheckern. Mitunter entwickelte Luna auch spezielle Gelüste. Einmal sah ich sie sogar mit einem Stück Pizza im Maul im Ahornbaum herumflitzen. Das Stück war so wertvoll, dass sie es in einer Astgabel deponierte und am nächsten Tag wieder abholte. Ich hatte keine Ahnung, wo sie es gefunden hatte. Anbieten sollte man Eichhörnchen solche Nahrung natürlich nicht.

Bei drei Würfen waren mir die Orte bekannt, wo Luna in den ersten Wochen ihre Kinder großzog. Luna suchte sich stets einen neuen Unterschlupf und bevorzugte Nester hoch oben an den Häusern der Großstadt. Dort war ihr Nachwuchs sicher vor Wind, Wetter und jeglichen Fressfeinden. Die jeweiligen Väter schienen diese Verstecke nicht zu kennen. Tagsüber war Luna mitunter ziemlich lange am Stück unterwegs. Drei Wochen alte Jungtiere ließ sie bis zu vier Stunden allein und mit vier Wochen mussten die Kleinen manchmal sieben Stunden auf ihre Mama warten.

Nach sechs bis sieben Wochen brachte sie ihren Nachwuchs immer zu einem neuen Kobel. In 2016 konnte ich das nur rekonstruieren, doch in 2017 hatte ich zweimal die Gelegenheit, dies beobachten und fotografieren zu dürfen. Aufgrund der kritischen Situationen stand ich dabei selbst unter großer Anspannung und es war schwierig für mich, kaum Einflussmöglichkeiten auf die Geschehnisse zu haben. Ich konnte mich nur damit beruhigen, dass Luna sehr erfahren war und bei allem, was sie tat, stets eine Strategie und einen Plan zu haben schien. Teils zog Luna mit ihren Kindern mehrfach um, doch spätestens im Alter von neun Wochen brachte sie sie immer in meine Nähe.

Mit jedem Mal schien es so, als hätte Luna ihren Nachwuchs bei mir abgegeben und ich war zutiefst berührt davon. In dem Moment, als die Kleinen zu mir fanden, machte sich Luna selbst rar und setzte eindeutige Zeichen. Die Nacht verbrachte sie entweder in einem Dachquartier oder im südlich benachbarten Hinterhof, in dem sie früher zu Hause war. Anfangs konnte ich Luna fast nie zusammen mit ihrem Nachwuchs sehen, doch in den Folgejahren kreuzten sich des Öfteren ihre Wege auf meiner Terrasse. Die Kleinen hielten meist Abstand von ihr und so gab es keinen Ärger. Wenn ich Luna morgens sehen wollte, musste ich oft schon zwischen 5 und 6 Uhr früh aufstehen. Gelegentlich lief sie nach dem Frühstück auf meiner Terrasse kurz zum Kobel ihrer Kleinen und schaute nach dem Rechten. Anschließend verschwand sie und hielt sich tagsüber außerhalb des Hinterhofs auf. Erfreulicherweise ließ sie sich aber abends auch nochmal blicken.

An warmen Abenden gönnte sie sich zwischendurch gern ein längeres Chill-Päuschen, wofür sie meist im Schatten gelegene Regenrinnen bevorzugte. Sie schmiegte sich regelrecht an das kühle Blech und hatte gleichzeitig einen perfekten Überblick über ihr Revier.

Die Frühjahrsüberraschung

In 2016 kam der erste Nachwuchs bereits Anfang Februar zur Welt und wurde demnach um die Weihnachtszeit herum gezeugt. Wegen ihres dichten Winterfells fiel es nicht auf, dass Luna zwischendurch in anderen Umständen war. Ich realisierte das erst Ende März, als sie plötzlich als säugendes Muttertier auftauchte. Dem Verhalten nach war höchstwahrscheinlich Mario erneut der Papa. Wie im Vorjahr bewachte er Luna regelrecht, während Muckel einen weiten Bogen um ihn machte. Die Kinderstube hatte Luna zunächst unter einer Regenrinne eingerichtet. Nach zweimaligem Umzug brachte sie ihren Nachwuchs schließlich zum schon erprobten „Kinderkobel", in dem zuvor Kim, Sammy und Leona im gleichen Alter zu Hause waren. Von zwei tapsigen Junghörnchen, die ich bis dahin sichten konnte, schien dort leider nur noch eines angekommen zu sein.

Mitte April fand schließlich im Alter von etwa zehn Wochen ein winziger, zuckersüßer Bub zu mir, den ich spontan Flo taufte. Weil er so früh im Jahr geboren wurde, trug er nicht nur Winterfell, sondern auch sehr schnuckelige Ohrenpinsel. Der selbstbewusste kleine Zwerg erschien mehrmals täglich. Er war ein überaus schlaues Kerlchen, das im Nu herausfand, wie man Nüsse aufnagt. Wenn Flo mit Mario zusammentraf, spürte ich förmlich seinen großen Respekt vor dem vermeintlichen Papa. Sehr oft gab er laute Quiektöne von sich, als wollte er zu erkennen geben: „Tu mir nichts, ich bin noch ganz klein."

Obwohl Flo vermutlich all seine Geschwister verlor, machte er einen richtig heiteren Eindruck. Zu meiner Freude verstand er sich sehr gut mit seinem großen und erfahrenen Bruder Sammy. Die beiden kamen oft zu zweit und saßen manchmal ganz nahe und harmonisch nebeneinander.

Wie Sammy war Flo ein Blumenhörnchen. Er liebte die Blätter einer Hängelobelie und gelegentlich gab es Margeritenblätter oder Nelkenblüten zum Nachtisch. Es sah bezaubernd aus, wenn er inmitten der Blütenpracht saß. Fast sieben Wochen lang durfte ich Flo bewundern, dann kam er nicht mehr. Vermutlich wurde er von Luna vertrieben, denn sie hatte zwischenzeitlich schon wieder neuen Nachwuchs geboren.

Mit Flo verschwand leider auch Mario. Er war eine treue Seele und schaute knapp über zwei Jahre lang nahezu täglich auf meiner Terrasse vorbei. Ich vermute, dass er über das Baugerüst Zugang zu Sammys Revier und einen naheliegenden Park fand und dort auf Brautschau ging. Nach Marios Verschwinden zeigte sich Muckel wieder mehrmals am Tag. Er eroberte sein Revier zurück, verteidigte es fortan gegen andere Eindringlinge und zog für eine Weile in Marios Dachversteck ein.

Der zauberhafte kleine Flo trägt Winterfell und Ohrenpinsel.

Jax

Piney

Nero

Chibs

Vier kleine Halbstarke

Lunas zweiter Wurf in dem Jahr wurde zwischen dem 2. und 4. Mai geboren. Zu dem Zeitpunkt war der kleine Flo gerade mal zwölfeinhalb Wochen alt. Im Nachhinein verstand ich nun, warum im Frühjahr alle Eichkater in Lunas Anwesenheit außer Rand und Band waren, obwohl sie noch ein säugendes Muttertier war. Wer letztlich Papa wurde und wo sie ihren Nachwuchs anfangs versteckte, wusste ich diesmal nicht. Ich kannte nur die Richtung, in der Luna abends im Hofgarten verschwand und rechnete damit, dass sie irgendwann ihre Kleinen wieder zum „Kinderkobel" bringen würde.
Genauso kam es und kurze Zeit später fielen Mitte Juli vier kleine Buben im Alter von zehn Wochen bei mir ein. Sie bekamen die Namen Jax, Chibs, Piney und Nero. Anfangs war es schwierig festzustellen, wie viele Junge es waren. Doch dann tauchten mehrmals sogar alle vier gleichzeitig bei mir auf. Bei dem ganzen Herumgewusel wusste ich gar nicht mehr, wo ich hinschauen sollte.

Zunächst waren die vier Rabauken sehr scheu. Ich musste mich extrem ruhig verhalten, sonst flüchteten sie sofort zurück in den Ahornbaum. Jax und Chibs wurden schließlich von Tag zu Tag etwas vertrauter mit mir, blieben aber dennoch sehr vorsichtig und wachsam.

Jax war mit seinem runden Gesicht der Hübscheste von allen. Er hatte von Luna die Eigenart geerbt, Karotten zu raspeln. Obwohl ich die ungeliebte Schale der Karotte immer entfernte, flogen beim Abbeißen erst einmal kleine Stückchen in alle Richtungen und hinterher sah es an seinem Sitzplatz entsprechend bunt aus.

Das kleine Knickohr Chibs war ein ganz besonders Hörnchen, von dem ich am meisten angetan war. An heißen Tagen chillte er manchmal bis zu einer Stunde unter dem schattenspendenden Margeritenstrauch vor sich hin. Gleichzeitig wurde ich ganz genau von ihm beäugt. An anderen Tagen versteckte er sich ewig in einer Korkröhre und linste mit süßem Blick heraus.
Piney war wie Chibs ein Langnäschen. Durch ihn fand ein kleiner frecher Dieb zu mir, der häufig versuchte, seinen Brüdern ein Futterstück zu klauen, teils sogar mit Erfolg. Er war das erste Junghörnchen, das es schaffte, die Futterbox zu bedienen. Zu meiner Erheiterung verschwand er darin immer komplett!
Nero war am ängstlichsten von den Vieren. Er kam meist sehr spät und allein. Seine Fellfarbe war deutlich dunkler als die seiner Brüder.

Kaum hatten Lunas Buben Namen bekommen, verschwanden sie nacheinander, um die Großstadtwildnis zu erkunden. Genau drei Wochen nachdem ich sie zum ersten Mal gesehen hatte, gingen Chibs und Nero. Einen Tag später machte sich Piney auf den Weg und auch Jax erschien seltener, bis er wenige Tage später ebenfalls verschwand. Ich spionierte ihnen hinterher und sah zwei von den Kleinen im südlich benachbarten Hofgarten herumflitzen. Mit Unmengen an heranreifenden Bucheckern und vielen Baum-Haseln war dort der Tisch für alle reichlich gedeckt. Überall hörte man es rascheln und knacken. Schade zwar, dass sie so schnell fortgingen, doch letztlich ist es gut, wenn sich der Nachwuchs ein eigenes Revier sucht und die Zeit bei mir nur eine kleine Starthilfe ist.

Der dritte Wurf

Nach Herbstbeginn konnte man bei Luna immer noch sehr ausgeprägt die Zitzen sehen und sie begann plötzlich wie wild damit, den „Kinderkobel" im Bergahorn aufzufrischen. Ich hielt Ausschau und Mitte Oktober entdeckte ich tatsächlich ein etwa zehn Wochen altes Jungtier im Ahornbaum direkt neben meiner Terrasse. Es sprang sogar kurz auf das Dach des Nachbarhauses. Ich war entzückt, da bei dem Kleinen gerade die Ohrenpinsel zu wachsen begannen und es damit umwerfend süß aussah. Toll waren auch die dunklen Krallen mit den weißen Spitzen und der schwarz umrahmte Schweif. Leider fand dieser Nachwuchs nie zu mir.

Das Kleine muss Anfang August zur Welt gekommen sein, doch ich hatte seinerzeit nur Augen für die vier Jungs, sodass mir die Schwangerschaft nicht auffiel. Luna trug zu dem Zeitpunkt immer noch sehr dichtes Fell, wodurch sie ohnehin fülliger wirkte als andere Hörnchen. Auch ihre Ohrenpinsel wollten nicht so recht ausfallen. Infolge der mit jeweils drei Monaten nur kurzen Abstände zwischen den einzelnen Schwangerschaften war ihr Fellwechselrhythmus extrem verschoben. Erst im Laufe des Augusts und damit drei Monate später als in den Vorjahren bekam Luna ein Sommerfell und auch der Herbstfellwechsel begann mit Mitte November reichlich spät.

Oben links:
Chibs verweilt gern in der Korkröhre.

Oben rechts:
Piney will Chibs das Futter klauen.

Unten links:
Jax ist ein kleiner Karottenraspler ...

Unten rechts:
... und zeigt sich auch gern in Pose.

Bei dem Kleinen aus Lunas drittem Wurf beginnen die Ohrpinsel zu wachsen.

*Luna zieht mit einem Jungtier um.
Sie braucht zwischendurch eine kleine
Verschnaufpause, bevor es weitergeht.*

Winterwurf mit spektakulären Umzügen

In 2017 gab es erneut einen Winterwurf. Muckels Verhalten und seine Ähnlichkeit mit einem der Kinder sprachen dafür, dass er diesmal als Sieger hervorging. Nachdem Luna immer wieder für neue Überraschungen und Aufregungen sorgte, musste sie auch die Geschichte rund um diesen Wurf besonders abenteuerlich machen. Als Geburtsort wählte sie diesmal eine ebenfalls über den zu mir führenden Ahornbaum zugängliche Fensterbank im Nachbarhaus aus. Immerhin war das Nest durch ein Gitter gut absturzgesichert.
Sie gebar dort ihre Kinder um den 10. Februar herum. Weil unmittelbar über dem Kobel ein schwerer Rollladen war, kontaktierte ich schon zuvor die Bewohner. Zu meiner großen Freude waren es sehr nette und tierliebe Menschen, die Luna gern bei sich wohnen ließen.

Doch Ende Februar wurde es mit starken Sturmböen und heftigen Regenfällen sehr ungemütlich und Luna musste, mit ihrem damals erst zweieinhalb Wochen alten Nachwuchs, umziehen. Der mit reichlich Naturwolle gebaute Fensterbank-Kobel war zwar sehr kuschlig, doch weder sturmsicher noch wasserdicht. Das Ersatzheim war auf dem Dach eines gegenüberliegenden Hauses und um dorthin zu gelangen, musste Luna den ganzen Hinterhof queren. Vorausschauend hatte sie das neue Zuhause bereits sechs Tage vor der Geburt eingerichtet.

Ich konnte sie dabei verfolgen, wie sie unermüdlich Kobelmaterial über die Dächer transportierte. Anschließend verbrachte sie in der neuen Umgebung sogar ein paar Nächte zum Probeschlafen. Es war erneut ein Versteck unter einer Regenrinne auf der zur Straße gewandten Seite.

Lunas Kinder waren schon fast sieben Wochen alt, als sie Ende März erneut mit ihnen umzog. Es war höchste Zeit, denn das Dach bot keinerlei Schutz für die ersten Schritte außerhalb des Kobels. Nachdem Luna am späten Vormittag zum wiederholten Mal nach Hause lief, griff ich instinktiv zur Kamera. Und tatsächlich: Nur 5 Minuten später flitzte sie, zusammen mit einem Kleinen im Maul, über die Dächer. Luna musste dabei eine große ungeschützte Strecke von etwa 50 Metern zurücklegen. Unterwegs gab es nur wenige Versteckmöglichkeiten. Dies war durchaus kritisch, doch zum Glück war zu dem Zeitpunkt weit und breit keine Gefahr. Zwischendurch gönnte sich Luna kleine Verschnaufpausen und letztlich brachte sie das Jungtier an einer mit dichtem Efeu bewachsenen Hauswand unter. Anschließend holte sie noch dreimal Nistmaterial aus dem Regenrinnen-Kobel und brachte es zum neuen Versteck.
Dem Glücksmoment folgte eine äußerst dramatische Situation, die zunächst mein Partner und schließlich wir beide von der Straße aus beobachteten. Nach einer eher unkontrolliert wirkenden Aktion befand sich Luna plötzlich auf einem Mauervorsprung zwei Etagen unterhalb der Regenrinne. Der Rückweg war wegen der etwa 40 cm breiten Dachvorsprünge nicht mehr möglich. Die Hauswand war zu glatt, um daran Halt zu finden, und ein Sprung in die Bäume war wegen des zu großen Abstands zur Hausmauer ebenfalls ausgeschlossen. Erst nach 30-minütigem Hin- und Herlaufen auf verschiedenen kleinen Vorsprüngen der Altbaufassade gelang Luna ein krimineller Abstieg über kleine Ornamente. Eine Etage tiefer konnte sie, Gott sei Dank, weiter nach rechts queren, am Eckhaus abbiegen und in einen nahe am Haus stehenden Baum springen. Hier kannte sie sich aus, der Baum gehörte zu ihrem Revier.

Vielleicht war bei Lunas Umzug eines ihrer Kinder abgestürzt und sie wollte danach Ausschau halten. Ich war heilfroh, dass ihr nichts passierte und sie zu ihrem Nachwuchs zurückkehren konnte. Zuvor kam sie allerdings auf meine Terrasse und stärkte sich erst einmal. Sie hatte eine geradezu majestätische Ausstrahlung, mit äußerst selbstbewusstem und entschlossenem Blick. Sie war eine kleine Heldin.

In der Folgezeit war Luna mit der Renovierung eines durch Efeu gut geschützten Nestes in einem Götterbaum beschäftigt, der direkt im Garten vor meinem Haus steht. Anschließend übernachtete sie dort und ließ gleichzeitig ihren Nachwuchs im Alter von acht Wochen ganz allein. Im Laufe der Folgewoche brachte Luna ihre Kleinen zum Götterbaum-Kobel, während sie selbst in einen Dachkobel umzog. Das war nun bereits das vierte Zuhause der kleinen Zwerge! Bereits eine Woche später wuselten sie im Zubringerahornbaum zu meiner Terrasse herum und ich konnte sie aus nächster Nähe bewundern. Ein absolutes Highlight war es, als zwei davon sehr rührend miteinander im Baum spielten. Mal war der eine hinter dem anderen her oder ist auf ihn draufgekrabbelt und dann in umgekehrter Reihenfolge. Purzelbäume in 20 Meter Höhe gehörten ebenso mit zum Programm.

Im Alter von zehn Wochen eroberten schließlich drei zuckersüße Buben meine Terrasse. Nachdem die Äste des Ahornbaums mittlerweile fast bis zur Regenrinne ragten, war der letzte Teil des Weges nicht mehr schwer. Einer der Jungs zeigte eine unglaublich souveräne und selbstbewusste Ausstrahlung. Weil er recht häufig sein Pfötchen vor der Brust hielt, nannte ich ihn Napoleon. Seine nahezu gleichaussehenden, quirligen Langpinselbrüder bekamen die Namen Louis und Lucien. Die Kleinen verstanden sich hervorragend. Immer mal wieder legte ein Hörnchen kameradschaftlich das Pfötchen auf den Rücken eines Bruders und sie suchten oft die gegenseitige Nähe. In der Anfangszeit waren sie noch recht verspielt und teils etwas zerstörerisch veranlagt. Ein großes Mooskissen zerrupften sie zum Beispiel komplett. Das war seinerzeit Mama Lunas Lieblings-Chillplatz, doch sie nahm es sehr gelassen. Hin und wieder versuchten sie sich gegenseitig das Futter zu stibitzen und es war erstaunlich, dass sie nach solch einer Situation einmal ganz friedlich nebeneinander sitzen blieben.

Napoleon besuchte genau einen Monat lang meine Terrasse, dann verschwand er. Er war zuletzt voller Energie und Tatendrang und ich hoffte, dass es ihm weiterhin gut gehen möge. Obwohl auch Louis und Lucien die weitere Umgebung auskundschafteten, zeigten sie sich ungewöhnlich lange. Louis war bis Ende Juli und Lucien sogar bis Anfang September ein täglicher Gast und es war toll, ihre Entwicklung über so viele Monate hautnah miterleben zu dürfen. Während Lucien extrem achtsam und vorsichtig blieb, wurde Louis immer frecher und suchte permanent nach neuen Herausforderungen. Aufs Neue war es faszinierend, wie unterschiedlich die einzelnen Charaktere von Eichhörnchen doch sind. Selbst im Alter von über fünf Monaten kreuzten die beiden recht oft zusammen auf und beschnuppern und berühren sich manchmal immer noch.

Die Heldin Luna nach einem aufregenden Umzugstag.

Nachwuchssichtung im Ahornbaum – Lunas Kinder im gemeinsamen Spiel.

Lucien

Napoleon

Louis

Lunas Nachwuchs hängt mutter-seelenallein an der Hauswand.

Große Aufregung um den Frühjahrswurf

Ende Mai brachte Luna 2017 einen zweiten Wurf zur Welt. Der Papa dürfte erneut Muckel gewesen sein, nachdem er Luna zur Osterzeit nicht mehr aus den Augen ließ. Es entsprach mal wieder ihrer Art, nach der Geburt noch mit der Einrichtung des Nestes beschäftigt zu sein.

Seit ich wusste, wo dies ist, war ich allerdings in größter Sorge. Sie wohnte in einem besonders schwer zugänglichen Regenrinnenversteck, das ich von der Dachterrasse aus sehen konnte.

Beim Einstieg musste Luna zunächst an der senkrechten Hauswand Halt finden. Wo genau sie dann verschwand, war nicht einsehbar. Beim Ausstieg stützte sie sich am Regenrohr ab. Luna beherrschte das, doch ich konnte mir nicht vorstellen, wie sie jemals mit einem Jungtier im Maul diesen Ort wieder verlassen könnte.

So folgten viele Wochen des Wartens und Bangens und ich bedauerte erneut, dass Luna den extra für sie aufgehängten Luxus-Nistkasten nie annahm.

Phasenweise wusste ich nicht, ob Luna noch unter der Regenrinne wohnte. Meine kleine Hoffnung, dass sie schon umgezogen war, zerbröselte Mitte Juli von einem Moment auf den anderen, als abends um 18 Uhr drei kleine, knapp über sieben Wochen alte Hörnchen mutterseelenallein in 20 Meter Höhe an der Hauswand hingen. Ich war entsetzt, denn Luna hatte gerade meine Terrasse baumabwärts verlassen. Gleichzeitig war ich überrascht, wie gut sich die Kleinen schon an der senkrechten Mauer festklammerten. Am Ende war offensichtlich ein Plateau, auf dem sie queren konnten und das wenigstens eine gewisse Sicherheit bot. Das ganze Spektakel dauerte etwa 20 Minuten, bis sie sich nach einem lauten Windstoß schlagartig in ihren Kobel zurückzogen. Luna kehrte an diesem Abend nicht zurück.

Nach einer schlaflosen Nacht sah ich, wie Luna morgens, um 7 Uhr, mit einem Kleinen im Maul von der Hauswand nach oben zur Regenrinne kletterte. Anschließend sauste sie über das Dach, kam neben meiner Wohnung herunter, um von dort aus, mit dem Jungen im Maul, von der Regenrinne in den Ahornbaum zu springen. Zu allem Überfluss landete, gefühlte 3 Sekunden später, ein Mäusebussard im Baum, der aber zum Glück von einem Eichelhäher vertrieben wurde. Luna brachte ihren Nachwuchs sicher zum Kobel im Götterbaum dorthin, wo zuvor der Winterwurf gewohnt hatte.

Unmittelbar danach holte Luna zwei weitere Junghörnchen ab. Sie packte die Kleinen auf dem Plateau bzw. an der Hausmauer. Das dritte Hörnchen war dabei besonders hartnäckig. Es verkroch sich hinter dem Regenrohr und Luna gelang es erst nach mehreren Anläufen, ihr Kleines mit einem Biss in den Nacken daraus hervorzuziehen. Dieses Manöver war wegen der ruckartigen Bewegungen äußerst gefährlich, denn das Kleine klammerte sich an der Hauswand fest und wollte nicht loslassen.

Luna gelang es schließlich, kopfabwärts am Plateau hängend, ihr Junges mit einem Biss in die Bauchfalte zu erwischen. Sie brachte das Kleine dazu, sich nun an ihr festzuhalten, griff dann sofort nach oben an den Rand der Regenrinne, machte gleichzeitig eine halbe Drehung um den Körper und zog sich hoch. Es war unglaublich, wie Luna mit einem Jungen im Maul den Überhang bewältigte!

Nachdem der Nachwuchs in Sicherheit war, kehrte Luna noch einmal zurück, schnupperte alles gründlich ab und schien damit zu prüfen, dass niemand vergessen wurde. Hinterher machte sie in aller Ruhe einen kleinen Ausflug.

Wenige Tage später sah ich die drei Kleinen schon in den Bäumen umherflitzen und knappe zwei Wochen später fanden Jacky und Jack, ein wunderhübsches Mädchen und ihr Bruder, zu mir. Das dritte Hörnchen war leider spurlos verschwunden.

Jacky und Jack waren ein gutes Team. Meist tauchten sie kurz hintereinander auf und hatten die gleichen Angewohnheiten. Sie wälzten sich gern im Sternmoos, schleckten an Blumentöpfen, knabberten an Hibiskusblättern und beide lernten im Nu die Futterbox zu bedienen.

Äußerst interessant war, dass sich diesmal sogar der Nachwuchs aus dem ersten und zweiten Wurf kennenlernte. Als die Kleinen urplötzlich in ihrem Revier waren und ihren ehemaligen Kobel belegten, zeigten sich die großen Jungs sehr aufgeregt. Louis ging schließlich genau zu dem Zeitpunkt, als Jacky erstmals auf die Terrasse kam. Lucien blieb noch einige Wochen, doch die neuen Futterkonkurrenten mochte er überhaupt nicht. Mehrfach sprang er Jacky oder Jack im Vorbeilaufen an. Diese waren jedoch flink und konnten jedes Mal schnell entwischen. Einen Monat nachdem sie zu mir fand, verschwand Jacky und kurz darauf ihr Bruder. Doch Jack kam bereits eineinhalb Wochen später wieder zurück.

Anfangs scheuchten Luna und Muckel ihn hin und her. Doch frech wie er ist, behauptete er sich und ist heute noch ein täglicher Besucher, der mit großer Entschlossenheit den Hinterhof gegen andere Eindringlinge verteidigt.

Umzugstag! Luna überquert mit ihrem Nachwuchs das Dach und springt damit von der Regenrinne in den Ahornbaum.

Jacky und Jack

Groß ist Jax geworden!

Sammy liebt immer noch Walnüsse.

HEIMKEHRER

Bei all den Gefahren, die ein Leben in der Stadt mit sich bringt, geben Heimkehrer immer Hoffnung, dass es auch anderen verschwundenen Hörnchen gut geht. Diesen bin ich besonders dankbar, dass ich einen Teil ihrer Geschichte weiterverfolgen durfte.

Neun Monate nach seinem Abtauchen fand, Mitte Mai 2017, der unter meinem Küchenfenster geborene Sammy zum zweiten Mal nach Hause. Mit seiner auffälligen Puschelspitze war er unverwechselbar. Sammy kannte mich noch, zeigte sich sehr vertraut und liebte immer noch Walnüsse. Er machte einen recht fitten Eindruck. In der Folgezeit schaute er nur alle paar Tage vorbei, bis er schließlich nach drei Monaten wieder verschwand.

Bereits Ende April kreuzte, nach fast neun Monaten Abwesenheit, Jax wieder auf. Er war einer der vier Söhne von Lunas zweitem Wurf 2016. Ihn erkannte ich nicht sofort, doch sein selbstverständliches Auftreten wunderte mich. Ich analysierte daher etliche Fotos und es sprach alles dafür, dass der neue Besucher tatsächlich Jax war. Sämtliche Details stimmten überein. Groß war er geworden und umwerfend hübsch. Jax ging mit riesigem Spaß daran, die in den Blumentöpfen deponierten Haselnüsse auszugraben und neu zu verstecken. Oft hatte er ein komplett verdrecktes Näschen hinterher.

Erstaunlicherweise zeigte er sichtlich Respekt gegenüber dem noch jungen Nachwuchs Louis und Lucien. Jax ließ sich zehn Wochen lang immer wieder blicken. Es ist zu vermuten, dass ihn dann entweder Luna erfolgreich vertrieb oder dass er den Duftwolken eines hübschen Mädels folgte.

Am meisten freute ich mich über Louis' Rückkehr. Fast zweieinhalb Monate trieb sich der kleine Quirl woanders herum und plötzlich kam er zurück. Ihm brauchte ich nur in die Augen zu schauen und schon erkannte ich ihn zweifellos wieder. Luna und Muckel waren allerdings von seinem Erscheinen wenig begeistert. Sie flippten jedes Mal komplett aus, wenn sich ihre Wege kreuzten, und es kam zu wilden Verfolgungsjagden. Dennoch blieb er. Nach wie vor hatte Louis die Eigenart, im Sitzen stets seinen Puschel dicht an den Körper anzulegen, sodass dieser bis über den Kopf hinausragte. Er sah bezaubernd damit aus.

Der Heimkehrer Louis trägt gern seinen Puschel dicht über dem Kopf.

DIE SINNE

Als Fluchttiere haben Eichhörnchen ein sehr gutes Gehör. Sie sind stets wachsam und haben gern einen guten Überblick. Wenn Eichhörnchen auf dem Boden laufen, stellen sie sich zwischendurch immer mal wieder auf die Hinterbeine, um die Umgebung hinsichtlich Gefahren abzuscannen. Auf unbekannte, verdächtige oder bedrohliche Geräusche reagieren sie sofort, indem sie instinktiv innehalten, sich aufrichten und lauschen. Das können auffliegende Vögel sein, Warnrufe von Vögeln, das Bellen eines Hundes oder auch nur ein leises Knistern und Knarzen. Schätzen sie die Lage als besonders gefährlich ein, ergreifen sie sofort die Flucht. Das passiert genauso bei lauten Windgeräuschen, wogegen mäßiger Regen Eichhörnchen gar nicht stört.

Je nachdem wo sie sind, flitzen sie möglichst schnell in einen Baum zurück. Dort sind sie sicher, weil sie sich auf der dem Feind abgewandten Seite eines Baumstammes verstecken können. Im Falle einer Attacke gelingt es Eichhörnchen zu entkommen, indem sie spiralförmig um den Stamm kreisen. Erwischt der Verfolger den Schweif, helfen Sollbruchstellen in der Schwanzhaut, sich dem Angriff zu entziehen. Diese reißt ein, die frei gelegten Wirbel vertrocknen im Laufe der Zeit und werden in der Regel schließlich abgebissen. Der hübsche Puschel ist folglich ein gutes Stück kürzer.

Auch ein hervorragendes Sehvermögen trägt dazu bei, dass Eichhörnchen jede kleinste Veränderung in ihrem Umfeld wahrnehmen. Das weite Gesichtsfeld erlaubt es ihnen, große Teile der Umgebung gleichzeitig gut im Blick zu haben. Dabei ist es nicht erforderlich, den Kopf zu drehen, um ein bestimmtes Objekt zu fokussieren und scharf zu erkennen. Selbst im Dämmerlicht sehen Eichhörnchen gut. Mit einem di- statt trichromatischen Sehvermögen haben sie im Vergleich zum Menschen allerdings eine eingeschränkte Farbwahrnehmung. Sie können die Farben Rot und Grün nicht voneinander unterscheiden.

Zum Abschätzen von Abständen und zur Orientierung dienen die Tasthaare, welche auch als Vibrissen bezeichnet werden. Selbst kleinste Berührungen werden damit wahrgenommen. Aus nächster Nähe betrachtet kann man sie an verschiedensten Stellen entdecken. Am längsten und auffälligsten sind die links und rechts vom Näschen angeordneten Tasthaare. Weitere Vibrissen findet man an den Augen, den Lippen, den Wangen, dem Kinn, im Bauchbereich und an den Armen.

Hier sieht man gut die Tasthaare in Lunas Gesicht. Sie dienen vor allem dem Abschätzen von Abständen.

LEBENSRAUM GROSSSTADT

Als Kulturfolger beanspruchen Eichhörnchen mittlerweile nicht nur die Gärten in Vorstädten für sich, sondern sind sogar in zentral liegende Stadtteile vorgedrungen. Häufig kann man sie auf Friedhöfen, in Stadtparks oder sonstigen Grünanlagen entdecken, doch auch die mitunter recht großen Hinterhöfe der Wohnblocks können ihnen in unmittelbarer Nachbarschaft zum Menschen hervorragende Lebensbedingungen bieten. Eichhörnchen sind sehr anpassungsfähig. Sie haben sich an den städtischen Lebensraum gewöhnt und sind auf andere Gefahren eingestellt. Dennoch gibt es auch viele Fälle, denen die städtische Umgebung zum Verhängnis wird.

Für die Ansiedlung von Eichhörnchen ist es zwingend erforderlich, dass es einen großen Bestand an eng zusammenstehenden Bäumen und damit Vernetzung und ausreichend Schutz gibt. Leider werden aber gerade im städtischen Bereich bei den regelmäßig stattfindenden Baumrückschnitten häufig wichtige Verbindungswege zwischen einzelnen Bäumen zunichte gemacht. Dies zwingt Eichhörnchen dazu, ihren Weg auf dem Boden fortzusetzen, was sie sonst in aller Regel möglichst vermeiden. Ideal ist es, wenn auch zum Wechseln der Straßenseite Baumbrücken genutzt werden können, doch das ist oft nicht der Fall. Um solche Querungen zu erleichtern, gibt es in Vlotho und Berlin seit einigen Jahren eine Seilbrücke.

Grundvoraussetzung für das Vorkommen von Eichhörnchen ist eine ausreichende Nahrungsverfügbarkeit. Hier bieten städtische Gebiete einen Vorteil, denn der Baumbestand und damit das Futterangebot sind deutlich vielfältiger als in Waldregionen, die oft von Monokulturen geprägt sind. Hinzu kommt, dass manche Eichhörnchen vom Zufüttern durch Menschen profitieren. Außerhalb der Stadt bewohnen Eichhörnchen zwar sowohl Laub- als auch Nadelwälder, doch ideal sind Mischwälder, da die Chancen auf eine zuverlässige Nahrungsquelle höher sind. Insbesondere bei Laubbäumen unterliegt das Angebot verfügbarer Samen periodisch sehr starken Schwankungen, die so weit gehen, dass es nach einem Vollmastjahr, in dem besonders viele Samen produziert werden, einen Totalausfall geben kann. Wichtig ist zudem ein ausreichender Bestand an alten Bäumen, denn Baumsamen werden oft erst nach etlichen Lebensjahren produziert.

Die Größe eines mehrere Hektar umfassenden Reviers, in dem ein Eichhörnchen aktiv ist, variiert saisonal und hängt stark vom jeweiligen Standort bzw. dortigen Nahrungsangebot ab. Bei knapp werdender Nahrung wird der Aktionsradius größer. Allgemein sind in städtischen Gebieten die Reviere deutlich kleiner als die in einer reinen Waldregion und solange ausreichend Futter zur Verfügung steht, arrangieren sich Eichhörnchen damit.

Als Kulturfolger haben Eichhörnchen den städtischen Lebensraum erobert.

Oben links:
Täglich flitzt Luna auf dem Dach herum.

Oben rechts:
Bei solchen spektakulären Sprüngen vom Dach werden die Arme und Beine abgespreizt und der Schweif hilft, den Flug zu optimieren.

Unten links:
Luna nutzt auch oft den Weg durch eine gemauerte Hofeinfahrt.

Nur wenige Artgenossen teilen sich ein Revier. Während die Streifgebiete verschiedener Hörnchen in den Randzonen überlappen, wird der Kernbereich des eigenen Reviers sehr stark verteidigt. Eindringlinge haben es schwer, sich dort anzusiedeln. Sie werden meist erfolgreich vertrieben. Da Männchen viel Zeit damit verbringen, paarungsbereiten Eichkatzen hinterherzuschnüffeln, sind ihre Streifgebiete stets größer als die von Weibchen. Erfahrene Eichhörnchen kennen ihr Revier in- und auswendig. Sie haben ein dreidimensionales Wegenetz im Kopf und nutzen bei ihrem täglichen Streifzug oft den gleichen Weg. Selbst im Baum werden immer wieder dieselben Äste benutzt, um nach unten oder oben zu gelangen bzw. um quer zu laufen.

Interessanterweise werden in Siedlungsgebieten die Hausdächer wie Baumbrücken genutzt. Wenn ein Eichhörnchen ein Hausdach erkundet hat und diverse Unterschlüpfe oder Versteckmöglichkeiten kennt, scheint es sich dort vergleichsweise sicher zu fühlen. Nirgendwo flitzen Eichhörnchen über so lange Distanzen auf offenen Flächen herum wie auf einem Hausdach. Zwischendurch wird natürlich des Öfteren innegehalten, um die Lage zu checken, denn Angriffe aus der Luft kann es durchaus geben. Für Pausen nutzen die Hörnchen gern die Deckung von langen Dachtritten. Dass manche Hausdächer auch gut geschützte Schlafmöglichkeiten bieten und es in Städten generell weniger Fressfeinde gibt, kommt den Eichhörnchen zusätzlich entgegen.

Bei den teils gewaltigen Sprüngen von einem Dach in einen Baum peilen Eichhörnchen ihr Ziel mehrere Sekunden lang an und wippen dabei mit dem Kopf recht schnell auf und ab, bevor sie lospringen. Schnelles Hin-und-her-Bewegen des langen Schweifs hilft bei weiten Distanzen, den Flug zu steuern und zu optimieren. Bei Sprüngen, die etliche Meter nach unten gehen, spreizen sie gleichzeitig alle Viere von sich. Obwohl ihre Zielsicherheit bemerkenswert ist, hält man beim Zuschauen den Atem an.

Es gibt aber auch viele Bäume, die so hoch und ausladend sind, dass der Weg zu einem Dach und wieder zurück mit nur einem kleinen Sprung möglich ist. Sogar an glatten Regenrohren können Eichhörnchen hinauf- oder hinunterlaufen. Da sie sich hierbei nicht mit ihren Krallen einhaken können, müssen sie eine hohe Muskelkraft aufwenden, um sich mit ihren Pfoten festzuklammern und um den Körper vorwärts zu schieben. Auf ihrem Weg von einem Hinterhof in den anderen nutzen Eichhörnchen auch griffige Hausmauern. Dabei sieht es nahezu spielerisch aus, wie sie sich an senkrechten Hauswänden fortbewegen. An Altbaufassaden werden zudem zum Querlaufen gern Mauervorsprünge genutzt. Alternativ durchqueren Eichhörnchen Hofeinfahrten. Das ist nicht ungefährlich, denn teils müssen sie hierbei, ohne jeglichen Schutz, am Boden beachtliche Strecken zurücklegen, um den nächsten Baum oder Strauch zu erreichen.

Luna erklimmt eine Hauswand mit Bastmaterial im Maul ...

... und kommt gut oben an.

Entgegen dem verbreiteten Vorurteil ist Frankfurt, die Heimatstadt Lunas, eine äußerst grüne Stadt. Selbst in zentralen Wohngegenden werden viele Straßen beidseitig von hohen Laubbäumen gesäumt und etliche Wohnblocks sind mit etwa 1 Hektar Fläche recht groß. Innerhalb der Hinterhöfe stehen nicht nur riesige, alte Laubbäume, sondern auch einige Nadelbäume, die im Winter besten Schutz bieten. Hinzu kommt, dass viele Bäume von dichtem Efeu umrankt sind und es zudem zahlreiche Sträucher, Büsche oder Hecken gibt, die für ausreichend Deckung sorgen. Alles in allem ist das eine gute Basis dafür, dass sich Eichhörnchen wohlfühlen.

Von meinen vielen Besuchern zeigten mir vor allem Luna und Muckel recht oft, wie gut sie ihr Leben in dieser Umgebung meistern. Um zu ihrem jeweiligen Ziel zu kommen, nutzten sie alle Möglichkeiten. Sie sprangen von Hausdächern und erreichten im etwa 5 Meter langen Flug nach unten sogar Äste, die fast 3 Meter von der Hauswand entfernt sind, sie kletterten an senkrechten Hausfassaden herum und liefen häufig durch eine 25 Meter lange, gemauerte Hofeinfahrt hindurch.
Muckel ist zwar ein regelmäßiger Besucher, doch um Mario aus dem Weg zu gehen, wohnte er lange Zeit in benachbarten Hofgärten. Manchmal hatte er einen recht weiten Heimweg. Einmal konnte mein Partner ihn über vier Häuserblocks und damit fast 400 Meter weit verfolgen. Auch zu den Zeiten, als Luna ihren Nachwuchs im Hinterhof unterbrachte, zog Muckel stets in andere Hofgärten um. In der Regel kam die treue Seele trotzdem täglich auf ein paar Nüsschen vorbei. Im Sommer 2015 blieb er jedoch sechs Wochen lang fern und ich war hocherfreut, als der alte Herumstreuner endlich wieder nach Hause fand. Einmal erwischte ich Muckel auch, wie er in einiger Entfernung von meinem Haus einem fremden Weibchen hinterherlief. Ein Straßenmädchen verdrehte ihm den Kopf und er war ganz aufgeregt.

Luna ertappte ich dabei, wie sie auf der Straßenseite meines Hauses Bast sammelte, mit dem großen Faserbündel im Maul, vom Baum aus, an die senkrechte Hauswand sprang, um dort bis zum Dach hochzuklettern. Es war beeindruckend, wie sie trotz eingeschränkter Sicht vollkommen problemlos oben ankam. Sie passierte schließlich den kompletten Hinterhof, sprang auf der gegenüberliegenden Seite vom Baum erneut auf das Dach, überquerte mehrere Dächer und brachte das Nistmaterial zu ihrem damaligen Dachversteck. Bei der gesamten Laufstreckte legte sie mindestens 150 Meter zurück. Obwohl diese Aktion reichlich umständlich war, wiederholte Luna das Ganze ein paar Mal.

Interessanterweise störten sich Luna und ihre Artgenossen nicht daran, dass im Herbst 2015, unmittelbar gegenüber von uns, ein großes Haus abgerissen wurde und es zudem weitere Baustellen in der näheren Umgebung gab. Zunächst dachte ich, das eine oder andere Hörnchen würde bestimmt verschwinden, doch es arrangierten sich alle damit. Nach einer Weile ließen sie sich von dem teils sehr lauten Baulärm in keiner Weise mehr beeindrucken. Sie bauten letztlich sogar in einer Linde direkt neben der Großbaustelle einen Kobel, der trotz Bauarbeiten täglich abwechselnd von Luna, Muckel und Jack genutzt wurde.

Luna fordert Futternachschub an der Terrassentür.

Manchmal wagt sich Luna hinein, um Material für ihren Kobel mitzunehmen.

Große Feuerwerke an Silvester oder zu sonstigen Feierlichkeiten setzen hingegen sehr viele Tiere großem Stress aus. Die Feuerwerkskörper explodieren genau in der Höhe, in der bevorzugt Kobel gebaut werden, und gerade in Städten wird besonders viel entzündet. Eichhörnchen werden davon im Schlaf überrascht, können in ihrer Panik das Nest verlassen und abstürzen und/oder ein schweres Trauma erleiden. Am Neujahrstag bin ich daher immer froh, wenn auf den unberührten, verschneiten Dächern eindeutige Spuren zu erkennen sind und ich schließlich alle bekannten Gesichter zu sehen bekomme.
Eichhörnchen bewegen sich auch auf ebenen Flächen springend vorwärts. Da sie dabei zuerst mit den Vorderpfoten aufkommen und dann die Hinterbeine seitlich am Körper vorbeischwingen, sind in Laufrichtung die Abdrücke der Hinterpfoten vorne und haben einen größeren Abstand voneinander.

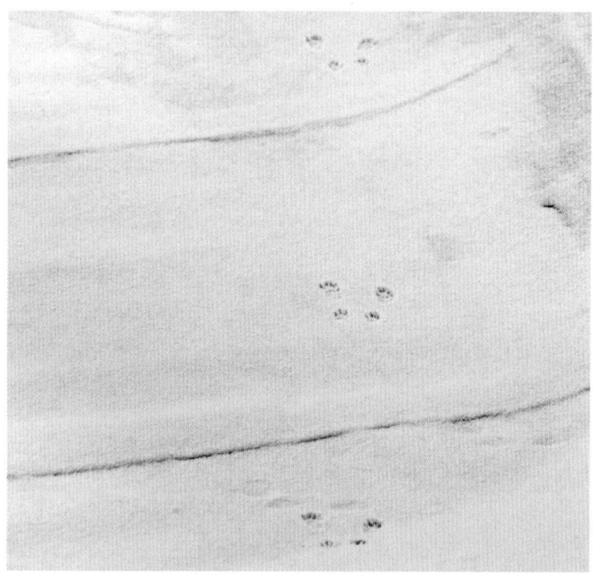

Lunas Spuren

Im städtischen Bereich sind viele Eichhörnchen an Menschen gewöhnt. Deren Balkone und Terrassen werden gern dahin untersucht, ob dort nicht etwas Nahrhaftes zu finden ist. Wenn im Sommer die Türen offen stehen, kann es auch vorkommen, dass der Eingangsbereich zur Wohnung von einem neugierigen Wesen schnuppernd erforscht wird. Insbesondere wenn man wie ich Eichhörnchen mit Futter unterstützt, lässt sich das kaum vermeiden. In der Regel verweilen die Besucher aber nur kurz und springen sofort wieder auf die Terrasse zurück. Das ist auch gut so, denn zweifellos erfreuen sich nicht alle Menschen an wilden Hausbesuchen. Bei vielen dürfte dies überwiegend Verunsicherung und Schrecken auslösen und es wäre fatal, wenn als Folge davon einem Hörnchen Schaden zugefügt würde.

Luna allerdings kennt mein ganzes Terrassenzimmer, denn wenn im Spätsommer ihre Versteckl aune stieg, kam es gelegentlich vor, dass sie einen Blumentopf in der Wohnung oder einen flauschigen Teppichvorleger als geeigneten Versteckort in Betracht zog. Gab es auf der Terrasse nichts mehr zu holen, stellte sie sich manchmal in den Türrahmen und forderte Nachschub. Doch obwohl sich Luna bei mir wie zu Hause fühlt, läuft selbst sie, trotz häufig geöffneter Tür, relativ selten in die Wohnung. Wenn sie das tut, hat sie immer einen Plan. In der Regel sucht oder versteckt sie etwas. Sie wusste zum Beispiel, dass direkt neben der Tür eine Zeit lang ein Körbchen mit Kobelmaterial stand und bediente sich bei Bedarf daran. Es war herrlich, ihr dabei zuzusehen, wie sie mit den flauschigen Stückchen herumwerkelte.

GEFAHREN

Die ersten Wochen außerhalb des Kobels sind für junge Eichhörnchen die kritischsten. Überall lauern Gefahren der unterschiedlichsten Art. Etwa 80 Prozent der Jungtiere überleben daher ihr erstes Lebensjahr nicht. Zunächst einmal müssen sie aufpassen, dass sie bei den ersten Kletterversuchen nicht abstürzen. Da es ihnen an Erfahrung fehlt, sind sie leider auch ein leichter Fang für eventuelle Angreifer. Die größten Fressfeinde, sowohl von jungen als auch erwachsenen Eichhörnchen, sind der Habicht und der nachtaktive Baummarder. In städtischen Gebieten sind diese jedoch selten anzutreffen. Der sich oft in Siedlungsnähe aufhaltende Steinmarder erklimmt hingegen eher selten hohe Bäume und stellt daher keine große Gefahr dar. Doch bei anderen häufiger zu sehenden Greifvögeln, wie Mäusebussard oder Milan, können ebenfalls gelegentlich Eichhörnchen auf dem Speiseplan stehen. Sehr gefährlich sind in diesem Zusammenhang leider die weit verbreiteten Elstern und vor allem Krähen, da sie oftmals Kobel plündern und den Nachwuchs an die eigene Brut verfüttern. Zudem fallen Eichhörnchen herumstreunenden Katzen zum Opfer, wenn sie nicht schnell genug in höhere Bereiche eines Baumes flüchten können.

Eines der größten Probleme im Siedlungsbereich ist der Autoverkehr. Unaufmerksamen Tieren und unerfahrenen Jungtieren kann dieser schnell zum Verhängnis werden. Kritische Situationen entstehen vor allem im Herbst, wenn beim Anlegen von Winterdepots häufiger Straßen überquert werden und die Sinneswahrnehmung der Eichhörnchen durch das Versteckfieber beeinträchtigt ist. Leider gibt es in diesem Zusammenhang viele tragisch endende Fälle. So manches Unglück ließe sich durch Einhalten von Tempolimits vermeiden. Doch zeigen Eichhörnchen mitunter auch Achtsamkeit, bevor sie eine Straße überqueren, und warten im Baum oder unter einem Auto, bis die Luft rein ist, ehe sie losflitzen.

Lebensbedrohliche Gefahren, deren sich viele Menschen nicht bewusst sind, gibt es zudem in Gärten und auf Terrassen. Mangels anderer Trinkquellen fallen zum Beispiel durstige Eichhörnchen immer wieder in Regentonnen oder sonstige hohe Wasserbehälter. Sie können zwar schwimmen, schaffen sie es aber nicht wieder herauszukommen, verenden sie letztlich auf grauenvolle Art und Weise. Dies lässt sich leicht verhindern, wenn man einen Stock in das Behältnis stellt, an dem das Tier herausklettern kann, oder indem man den Behälter mit einem Gitter abdeckt. Eichhörnchen können sich auch in Netzen verfangen, die vor Fraß schützen sollen. Tödlich enden kann zudem die Berührung mit Düngern, Pflanzenschutzmitteln oder Giftködern. Die Tiere knabbern entweder an behandelten Pflanzen oder Ködern oder es bleibt Gift an ihren Fußsohlen haften, das sie anschließend ablecken. Hierfür gibt es aber unschädliche Alternativen, sodass man auf die Gifte verzichten kann.

Luna in Habachtstellung: Laute Windgeräusche irritieren sie.

Die Erwägung, einen Kamin als Nistplatz zu nehmen, wäre denkbar ungünstig.

Das Überqueren einer Straße ist eine der größten Gefahren im Stadtleben eines Eichhörnchens.

Viele Eichhörnchenbabys werden Jahr für Jahr Opfer von Baumfällarbeiten. Dies ließe sich vermeiden, wenn im Vorfeld geprüft würde, ob sich im Baum ein Nest befindet. Bereits durch bloßes Beobachten des jeweiligen Baumes in den frühen Morgenstunden lässt sich das herausfinden. Man kann aber auch einen Baumkletterer beauftragen. Die kleinen Eichhörnchen können sich froh schätzen, wenn sie eine Fällung überleben und das Muttertier anschließend Gelegenheit hat, mit ihren Jungen in einen Ausweichkobel umzuziehen. Wenn das nicht klappt, landen gefundene Babys in Auffangstationen, wo die Tiere aufgezogen und im Idealfall schließlich wieder ausgewildert werden. Der Münchner Verein „Eichhörnchen Schutz e.V." bekommt allein wegen dieser Problematik in einer Saison etwa zweihundert Anrufe. Auch ein heftiger Sturm kann natürlich einen Kobel zerstören oder komplett vom Baum wehen. Besonders arg war das Sturmtief Niklas Ende März 2015. Die Notfallmeldungen und Eingänge brachten in nur einer Nacht etliche Pflegestationen an ihre Kapazitätsgrenze. Dabei kann man davon ausgehen, dass nur ein Bruchteil der Sturmopfer gefunden wurde.

Trotz all dieser Gefährdungen ist, vor allem bei im Wald lebenden Tieren, ein nicht ausreichendes Nahrungsangebot und damit letztlich Verhungern das größte Problem. Die durchschnittliche Lebenserwartung eines wild lebenden Eichhörnchens, das die ersten sechs Monate überlebt hat, wird auf drei Jahre geschätzt. Nur vereinzelt können Eichhörnchen in freier Natur etwa sechs bis sieben Jahre alt werden. In Gefangenschaft und damit unter dauerhaft optimalen Bedingungen schaffen sie sogar zehn bis zwölf Jahre.

Muckel kenne ich nun seit über fünf Jahren. Luna ist seit mehr als dreieinhalb Jahren mein täglicher Gast und mindestens viereinhalb Jahre alt. Beide haben damit die durchschnittliche Lebenserwartung eines Eichhörnchens bereits deutlich überschritten. Meine Besucher kommen im städtischen Umfeld gut zurecht. Sie sind allerdings kein Maßstab, denn sie wohnen in einer komfortablen Gegend und werden zudem unterstützt. Es gibt etliche andere von Eichhörnchen bewohnte Plätze in Städten, die weitaus weniger gute Lebensbedingungen bieten, an denen sie gleichzeitig keine Hilfe durch den Menschen erfahren oder wo man sie sogar loshaben möchte. Häufig fehlt ein ausreichender Bestand an Nadelbäumen und damit die Möglichkeit, auch im Winter einen gut geschützten Baumkobel zu bewohnen.

Natürlich bergen auch die von Luna sehr beliebten Nistplätze an Häusern viele Gefahren. Sie selbst hatte bislang viele Schutzengel, die darauf aufpassten, dass bei ihren Manövern nichts Schlimmes passierte und sie sogar einen zehn Meter tiefen Fall auf ein Plastikdach ohne Verletzungen überlebte. Sie sprang zuvor mit einem sperrigen Zweig quer im Maul auf eine schmale Fensterbank, was sowohl für den Absprung vom Baum als auch für die Landung hinderlich war. Für Jungtiere sind solche Orte ebenfalls gefährlich. Immer wieder landen kleine Absturzopfer mit Schädelhirntrauma und anderen Verletzungen in Auffangstationen, sodass es mitunter ratsam sein kann, den Tieren eine Wohnalternative anzubieten. Mit viel Glück kann ein Eichhörnchen aber sogar Abstürze aus 20 Meter Höhe auf harten Untergrund unversehrt überstehen. Ich habe dies selbst mehrmals dokumentiert.

Diese etwa vier Wochen alten Jungtiere werden in einer Wildtierstation großgezogen und später wieder ausgewildert.

HILFE FÜR EICHHÖRNCHEN

In jedem Jahr gibt es zahlreiche Fälle, in denen Menschen auf junge, hilfsbedürftige Eichhörnchen aufmerksam werden. Ist das Tier unverletzt und noch nicht unterkühlt, lohnt in jedem Fall ein Rückführungsversuch zur Mutter. Dazu kann man am jeweiligen Fundort ein wärmendes Stoffnest bauen (Decke, Handtuch o. Ä.), dieses vor Rabenkrähen, Hunden oder Katzen schützen und aus sicherer Distanz gut beobachten. Der Fundort sollte zudem nach weiteren Jungtieren abgesucht werden, denn nicht selten ist die Mutter durch einen Unfall ums Leben gekommen. Eichhörnchenkinder, die sich schon längere Zeit in einer Notlage befinden, überwinden häufig ihre natürliche Scheu und laufen einem Menschen hinterher oder klettern gar an ihm hoch. Hier ist sofortige Hilfe und schnelles Handeln angesagt, ebenso bei offensichtlich verletzten oder kranken erwachsenen Tieren, die man am besten mit Handschuhen oder einem Handtuch greift, um sich vor Bissverletzungen zu schützen.

Generell ist es sehr ratsam, unmittelbar nach einem Fund eine geeignete Wildtierauffangstation zu kontaktieren, da kleinste Fehler bei der Erstversorgung verheerende Folgen haben können. Eine gute Vermittlung von deutschlandweiten Pflegestellen, die hilfsbedürftige Eichhörnchen aufnehmen, liebevoll aufpäppeln und wieder auswildern, bieten z. B. der Verein Eichhörnchen Schutz e. V. und der Eichhörnchen Notruf e. V. Dort sollte man am besten anrufen. Die wichtigsten Schritte bei der ersten Hilfe, wie Wärmen, ruhige und geschützte Unterbringung, Versorgung mit geeigneter Flüssigkeit, Urinstimulation, Entfernen eventuell vorhandener Parasiten oder Fliegeneier usw., sind meist auf der Homepage der einzelnen Stationen beschrieben. Auch wenn geliebte Besucher erkranken und die täglichen Glücksmomente plötzlich in große Sorgen umschlagen, ist es sehr zu empfehlen, sich bei einer Wildtierstation Rat einzuholen. Oft bekommt man recht gute Tipps, wie man den kleinen Fellnasen helfen kann.
Als ehrenamtliche Einrichtungen sind Auffangstationen darauf angewiesen, dass sie mit Spenden unterstützt werden. Dort wird mit unermüdlichem Einsatz großartige Arbeit geleistet und dank derer konnte bereits vielen Tausenden von Eichhörnchen das Leben gerettet werden. Im Jahr 2017 bekam allein der Münchner Verein Eichhörnchen Schutz e. V. 662 verwaiste, kranke oder verletzte Eichhörnchen. Davon waren etwa 70 Prozent bis zu sechs Wochen alt, 15 Prozent älter als sieben Wochen und weitere 15 Prozent erwachsene Tiere. Hinzu kommen erfolgreiche Rückführungen zum Muttertier. Diese Zahlen verdeutlichen, wie schwer es Eichhörnchen in der Stadt haben können, denn bis auf wenige Einzelfälle stammen alle diese Pfleglinge aus Parks und Wohnanlagen und nicht aus dem Wald.

Gerade die kleinen Eichhörnchen müssen alle zwei bis drei Stunden versorgt werden und das auch nachts! Das ist eine zeitintensive und belastende Aufgabe, die auf die Dauer extrem an den eigenen Kräften zehren kann. Zudem geht das Großziehen oder Pflegen von Eichhörnchen mit enorm hohen Kosten einher. Diese fallen nicht nur für Futter, Aufzuchtmilch, Tierarztbesuche, Medikamente und sonstige notwendigen Utensilien an, sondern vor allem für geeignete große Volieren, in denen die Tiere gehalten und von denen sie wieder ausgewildert werden können. Staatliche Zuschüsse gibt es dafür nicht.

Das sechs Wochen alte Eichhörnchen hat sich in einer Pflegestation gut entwickelt.

Maßnahmen zur Hilfe und Unterstützung

Viele Probleme, mit denen Eichhörnchen in Siedlungsgebieten konfrontiert werden, sind vom Menschen gemacht. Man kann einiges tun, um dem entgegenzuwirken und um sie zusätzlich zu unterstützen. Mögliche Maßnahmen, die auch anderen Wildtieren zugute kommen, sind im Folgenden übersichtlich zusammengefasst.

- Flache Trinkschalen aufstellen, damit Eichhörnchen nicht an Regentonnen oder Kinderplanschbecken herangehen und hineinfallen.
- Große Wasserbehälter mit einem Gitter oder Stock als Ausstiegshilfe absichern und Pools abdecken.
- Nicht jede Unebenheit begradigen, damit sich Pfützen bilden können.
- Spezielle Nistkästen und Futterboxen aufhängen und nur geeignete Nahrung anbieten.
- Tempolimits einhalten.
- Auf Gartengifte und Giftköder verzichten und stattdessen ungefährliche Mittel verwenden.
- Vor Baumfällungen prüfen, ob sich ein Nest im Baum verbirgt.
- Wichtige Verbindungswege bei Baumrückschnitten möglichst nicht zerstören.
- Mehr Nadelbäume pflanzen.
- Kletterpflanzen, wie Efeu oder Wilder Wein, an Laubbäumen nicht zerstören.
- Auf Laubbläser verzichten, denn vor allem Jungtiere können in Panik geraten und abstürzen, wenn sie das unerwartete laute Geräusch zum ersten Mal hören.
- Nicht alle Blätter im Herbst entfernen, denn dazwischen kann sich ein Teil des Wintervorrats verbergen.
- Vorsicht bei Aufräumarbeiten, denn in Blumenkästen oder sonstigen Nischen kann sich ein Nest befinden.
- Ruhe bewahren, wenn ein Eichhörnchen Junge am Haus zur Welt brachte; es wird etwa sechs Wochen nach der Geburt damit umziehen.
- Besteht allerdings Absturzgefahr für Mutter und/oder Jungtiere oder erscheint ein Umzug sehr kritisch, dann schnellstmöglich Rat bei einer Wildtierstation einholen.
- Regenrohre mit einem Gitterschutz versehen, um ein Abrutschen vor allem von Jungtieren zu verhindern.
- Verzicht auf Feuerwerkskörper an Silvester.
- Findelkinder niemals bei einem Tierarzt mit einem Entflohungsmittel behandeln lassen, da dies aufgrund toxischer Wirkung zum raschen Tod des Tieres führen kann.
- Kontaktaufnahme mit geeigneter Wildtierstation beim Fund junger oder kranker Eichhörnchen.
- Unterstützung solcher Pflegestationen mit Geld- und Sachspenden.
- Den Mythen entgegenwirken und helfen weiter zu kommunizieren, dass es in Deutschland bislang keine „bösen" Grauhörnchen gibt, dass Eichhörnchen keine Tollwut übertragen und zudem in aller Regel keine Nestplünderer sind.

KRANKHEITEN UND VERLETZUNGEN

Wie andere Wildtiere auch werden Eichhörnchen von Ektoparasiten wie Flöhen, Läusen oder Milben befallen. Eventuell vorhandene Flöhe sind dabei artspezifisch und gehen nicht auf den Menschen über. Während wenige Parasiten unproblematisch sind, führt ein hoher Befall oft zu Kratzwunden, die sich infizieren können. Insbesondere geschwächte Jungtiere sind häufig von diesem Problem betroffen. Bei Tieren, die aufgrund einer Erkrankung nicht mehr fähig sind, sich selbst zu putzen, kann es über Körperöffnungen oder offene Wunden auch zu einer Ansiedlung von Fliegenmaden kommen. Durchfälle und als Begleiterscheinungen Schwäche, Appetitlosigkeit und Abmagerung können bei Eichhörnchen durch Endoparasiten wie Kokzidien hervorgerufen werden. Diese schädigen massiv den Darm und ein starker Befall kann bei geschwächtem Immunsystem zum schnellen Tod führen.

Natürlich können sich Eichhörnchen auch bakterielle oder virale Infektionen zuziehen. Eine hohe Infektionsgefahr besteht vor allem bei Bisswunden. Die weit verbreitete Angst vor einer Tollwutinfektion ist allerdings unbegründet, denn seit 2008 gilt Deutschland als tollwutfrei (im Gegensatz zu vielen Länder in Asien und Afrika). Eine sehr ähnliche Tollwutart gibt es noch bei Fledermäusen, die aber noch nie auf Eichhörnchen übertragen wurde. Recht häufig entwickeln sich bei Eichhörnchen leider Abszesse, wobei sehr oft der Kieferbereich davon betroffen ist. Solche Eiterherde können u. a. zu einer Blutvergiftung führen und damit lebensbedrohliche Folgen haben. Große Abszesse sollten eigentlich geöffnet und mit Antibiotikum behandelt werden. Einfangen ist jedoch ein gewaltiger Stress für Eichhörnchen und, falls das überhaupt klappt, ist ungewiss, ob sie das überleben. Gut ist es immer, wenn sich ein Abszess nach einiger Zeit von selbst öffnet. Eichhörnchen können enorme Selbstheilungskräfte aktivieren, die entstandene Wunden gut und rasch verheilen lassen.

Bei den waghalsigen Sprüngen von Eichhörnchen kann man sich leicht vorstellen, dass dabei hin und wieder etwas schief geht. Verletzungen durch Stürze sind äußerst problematisch. Stauchungen, Zerrungen oder gar Knochenbrüche sind schmerzhaft und schränken nicht nur die Bewegungsfähigkeit der Tiere stark ein, sondern auch ihre Möglichkeit, sich zu versorgen, zu putzen oder einem Angriff zu entziehen. Die Ursache einer Zahnfehlstellung ist ebenfalls oftmals ein Sturz, bei dem die kleinen Wilden auf ihr Mäulchen fallen und ein oder mehrere Schneidezähne dabei abbrechen. Ist gleichzeitig das zahnbildende Gewebe beschädigt, kann es sein, dass der Zahn schief nachwächst. Das kann verheerende Konsequenzen haben, vor allem wenn ein Zahn nach innen wächst und mit der Zeit einen Maulschluss verhindert. In freier Wildbahn haben diese Tiere keine Überlebenschance. Gelingt es, solche Problemfälle einzufangen, werden daraus oft Dauervolierenhörnchen, denen alle drei Wochen

Zu lange Schneidezähne können verheerende Folgen haben.
Bei Luna steht oben ein Zahn vor und bereitet ihr große Schwierigkeiten.

die Schneidezähne gekürzt werden müssen. Es kann aber auch sein, dass sich eine Zahnfehlstellung im Laufe der Zeit wieder behebt.

Auch Luna hatte mehrere ernsthafte Probleme. Im Herbst 2014 konnte sie plötzlich mitten im Versteckfieber keine Nüsse mehr mit dem Maul greifen. Sie nagte selbst nichts mehr auf, sondern bediente sich ausschließlich am Vogelfutter. Beim Kauen warf sie oft ihr Köpfchen nach hinten. Einer ihrer oberen Schneidezähne stand hervor und bereitete ihr massiv Schwierigkeiten, sodass sie zeitweise nur noch ganz klein geschnittene Nusskerne oder Nussbrei fressen konnte. Luna zog zu diesem Zeitpunkt in meinen Hinterhof um. Sie kam schon am frühen Morgen auf meine Dachterrasse und so konnte ich trotz Arbeit täglich nach ihr schauen und sie gut unterstützen. In der Folgezeit brach der Schneidezahn zweimal ab und Luna kam anschließend deutlich besser zurecht. Doch erst gegen Jahresende verbesserte sich ihre Situation nachhaltig.

Dennoch dauerte es eine Weile, bis Luna selbst wieder Nüsse aufnagte. Neben geschlossenen Nüssen bot ich ihr daher schon angeknackte Nüsse an und sie bevorzugte in der Regel die offene Ware. Selbst Jahre später hat Luna immer noch Phasen, in denen sie in Nagelaune ist, und Phasen, in denen sie das Aufnagen von Nüssen komplett einstellt. Anfangs besorgte mich das, doch irgendwann gewöhnte ich mich daran.
Ende März 2016 war die Frühlingsstimmung dadurch getrübt, dass Luna sich am rechten Fuß verletzte. Der äußere Zeh war nach innen gedreht und die restlichen Zehen oft darüber gekrümmt. Im Sitzen neigte sich Luna zur linken Seite hin. Fußverletzungen schränken natürlich die Bewegungsfähigkeit erheblich ein. Daher war es eine große Erleichterung, dass Luna insgesamt einen fitten Eindruck machte und trotz ihrer Verletzung erstaunlich gut und rasch auf ebenen Flächen vorankam. Baumabwärts war sie allerdings deutlich langsamer unterwegs. Sie konnte den Fuß auch nicht mehr einsetzen, um sich damit zu kratzen. Im Laufe einiger Wochen fand der äußere Zeh nach und nach in seine richtige Position zurück. Eine leicht gewölbte Fußhaltung blieb jedoch für immer.

Im weiteren Jahresverlauf 2016 bekam Luna erst im Mai und dann nochmals Ende September jeweils im Bereich des linken Unterkiefers einen großen Abszess. Vor allem das erste Mal war sehr beunruhigend, denn Luna brachte kurz zuvor den Frühjahrswurf zur Welt und war insgesamt sichtlich erschöpft. Doch sie hatte großes Glück! Der Abszess öffnete sich beide Male und es ging ihr von Tag zu Tag besser. An der Wunde bildete sich zunächst ein dicker Schorf und alles verheilte sehr gut. Als die Kruste schließlich abfiel, verblieb eine kahle Stelle, an der mit der Zeit das Fell nachwuchs. Erst Wochen später begann Luna damit, wieder selbst Nüsse aufzunagen.

Auch bei zwei von Lunas Kindern entwickelte sich eine anfängliche Schwellung zu einer riesigen Eiterbeule. Auslöser waren eventuell Stürze, wegen des seinerzeit sehr stürmischen Wetters. Bei Napoleon war die ganze linke Gesichtshälfte unterhalb des

Luna hat sich eine Verletzung am Fuß zugezogen und wölbt daher ihre Zehen.

Auges davon betroffen und bei der kleinen Zaubermaus Jacky vor allem der rechte Nasenflügel. Beide Junghörnchen präsentierten sich sehr tapfer und waren, abgesehen von dieser Einschränkung, erstaunlich fidel. Bei jedem öffnete sich der Abszess nach einer Weile, die Wunden verheilten sehr schön und es blieb für alle eine wertvolle Lebenserfahrung.

Muckel, der alte Gauner, lief zweimal humpelnd bei mir ein und bewegte sich nur noch mit kleinen Sprüngen vorwärts. Im Herbst 2017 konnte er zu allem Überfluss gleichzeitig nicht mehr sitzen und kippte ständig nach vorne weg. Seinen rechten Oberschenkel drehte er nach außen. Es war sehr besorgniserregend, doch innerhalb von eineinhalb Wochen stabilisierte sich seine Lage. Um seinen Weg zu mir, den er einmal pro Tag auf sich nahm, zu verkürzen, zog der schlaue Kerl so lange in den nächstgelegenen Dachkobel, bis es ihm wieder besser ging.

Äußerst beunruhigend war für einige Wochen der Zustand des kleinen Louis. Der sonst so quirlige Kerl war plötzlich sehr schlapp und fraß außer Karotte und Apfel kaum mehr etwas. Sein Näschen war erst blutig, dann feucht, sein linkes Auge sah krank aus und zwischendurch fielen ihm immer wieder beide Augen zu. Weil er so sehr auf Obst und Gemüse fixiert war und ich wusste, dass besonders Junghörnchen Wassermelone lieben, besorgte ich eine solche für ihn. Louis stürzte sich regelrecht auf die saftigen Teile und innerhalb weniger Tage kehrten sowohl der Appetit als auch seine Lebensenergie zurück. Fünf Monate später erkrankte Louis erneut.

Die Wunde heilt gut ab.

Er hatte u. a. Durchfall und die Untersuchung einer Stuhlprobe ergab, dass Endoparasiten die Ursache waren. Noch bevor ich ihm weiter helfen konnte, kam er nicht mehr und es ist anzunehmen, dass er an den Folgen der Erkrankung verstarb. Das war sehr arg! Dies sind die traurigen Kehrseiten, der engen Beziehungen zu den kleinen wilden Freunden, die leider auch dazu gehören.

Jack schaut nach Jacky, die einen Abszess auf der Nase bekommt.

GROSSES VERTRAUEN

Meine Beziehung zu Luna ist etwas ganz Besonderes und ihr Verhalten mir gegenüber in vielerlei Hinsicht einmalig. Sie vermittelt mir oft den Eindruck, als wüsste sie, dass ich für sie da bin und ihr schon mehrmals geholfen habe. Vor allem im Sommer zeigte sie mir oft, wie wohl und sicher sie sich auf meiner Terrasse fühlt. In den Wochen, bevor ihr jeweiliger Wurf zu mir fand, kam sie täglich mehrmals und blieb oft bis zu einer Stunde. Zwischendurch legte sie sich gern in im Schatten stehenden Blumentöpfen ab, um ein kleines Chillpäuschen zu machen.

Sie liebte den kühlenden Effekt von feuchter Erde und kuschelte sich regelrecht hinein. Beim Wälzen in der Erde drehte sie sich oft mehrmals im Kreis und es war herrlich, ihr dabei zusehen zu dürfen. Als es einmal besonders heiß war, legte sie sich sogar auf den Rücken und streckte, vollkommen entspannt, alle Viere von sich. Zu meiner großen Erheiterung klemmte bei diesem Nickerchen gleichzeitig ein kleines Stück Erde zwischen ihren Zehen fest. An anderen Tagen machte sie es sich bäuchlings mitten auf dem Tisch bequem oder hing auf kleinen Holzstämmen ab. Es störte sie nicht einmal, wenn dabei unter ihrem Köpfchen noch eine kantige Nussschale lag.

Ihr entspanntes Verhalten berührt mich jedes Mal zutiefst. Nie zuvor habe ich ein Eichhörnchen so relaxed gesehen. Die Terrasse ist gleichzeitig ein Teil von meinem und von ihrem Zuhause.

Bei meinen ersten Begegnungen mit Eichhörnchen verhielt ich mich über einen langen Zeitraum mucksmäuschenstill, damit sie nicht gleich die Flucht ergreifen. Doch schließlich fand ich heraus, dass Eichhörnchen langsame und sanfte Bewegungen durchaus dulden und weniger scheu reagieren, wenn man immer mal wieder in freundlichem Ton mit ihnen redet. Das gute Zusprechen scheint für die weitere Vertrauensbildung sogar äußerst wichtig zu sein. Seither begrüße ich morgens alle Hörnchen namentlich, drücke meine Freude aus, sie wiederzusehen, sage ihnen, dass sie gut auf sich aufpassen sollen, und natürlich auch, dass sie wunderhübsch sind.

In Lunas Gegenwart darf ich mittlerweile komplett die 4 Meter breite Terrasse überqueren und mit einem Abstand von deutlich weniger als 1 Meter an ihr vorbeigehen. Sie hebt währenddessen noch nicht einmal den Kopf. Auch wenn ich mit meinem Partner gleichzeitig auf der Terrasse bin und wir uns unterhalten, ist Luna tiefenentspannt und wendet uns oft sogar den Rücken zu. Es ist überwältigend und faszinierend, welch großes und stetig wachsendes Vertrauen mir dieses Hörnchen schenkt. Kürzlich erlaubte sie mir sogar, frontal auf sie zuzugehen, eine Nuss direkt vor ihren Füßen abzulegen und ihren Puschel zu berühren. Dennoch ist Luna nach wie vor sehr achtsam und registriert kleinste Störungen in ihrem Umfeld. Erst lange Zeit, nachdem wir uns kennenlernten, bot ich Luna eine Nuss aus der Hand an. Beim ersten Mal zögerte sie ein

Wenn Luna so entspannt ist, zeugt das von großem Vertrauen.

Luna ist einmalig!

wenig. Doch ist das Eis erst einmal gebrochen, ändert sich das nicht mehr. Es ist ein unbeschreibliches Gefühl, die samtweichen Pfötchen eines Eichhörnchens kurz spüren zu dürfen. Wenn man die scharfen Krallen sieht, vermutet man gar nicht, dass die Pfoten so zart sind.

Im Vergleich zu Luna sind andere Besucher viel scheuer. Doch alle duldeten es mit der Zeit, dass ich mich manchmal behutsam um sie herum bewege. Selbst Muckel ergreift nicht mehr sofort die Flucht, wobei er solche Unerschrockenheit zunächst nur zeigte, wenn Luna ebenfalls anwesend war. Mit großem Respekt vor dem wilden Leben halte ich von Lunas Kindern bewusst immer Abstand. Es ist mir lieber, wenn die Kleinen, vor allem anderen Menschen gegenüber, zunächst einmal vorsichtig bleiben.

Auf die überaus nette Freundschaft mit der kleinen Fellschönheit Luna bin ich sehr stolz und überglücklich, dass sie bislang all ihre Wehwehchen und kritischen Situationen gut überstand. Luna ist ein ganz besonderes Hörnchen. Sie vollbringt Meisterleistungen und hebt sich, in vielen Belangen, von allen anderen ab. Ihre Intelligenz, ihre Fähigkeiten und ihr Mut beeindrucken zutiefst. Zwar ist sie ein kleines Wesen, aber zugleich eine große Persönlichkeit mit äußerst liebenswertem, eigenem Charakter. Luna ist einzigartig! Topfit wie sie ist und voller Energie wird sie hoffentlich weiterhin noch vielen Eichkatern den Kopf verdrehen. Es ist ein großes Geschenk, dass sowohl Luna als auch Muckel immer noch meine Stammgäste sind.

DANK

Ein großes Dankeschön gilt meinem Partner Carsten, der mir über viele Jahre dabei half, jede Begegnung und Besonderheit mit unseren wilden Besuchern mit Datums- und Uhrzeitangaben zu dokumentieren. Er investierte zudem sehr viel Geduld für die Beobachtungen der Eichhörnchen auf der Straße, sammelte im Herbst Unmengen an Nüssen und entlastet mich während der zeitintensiven Manuskripterstellung enorm von der üblichen Haushaltsarbeit.

Ganz lieber Dank geht auch an ihn sowie Erhard und meine liebe Mama für das Korrekturlesen sowie Frau Dr. Gabriele Lehari für das Lektorat und die tolle Zusammenarbeit bei der Realisierung dieses Buches.
Korinna Seybold-Hase von der Wildtierhilfe Odenwald (Koboldhof) danke ich sehr herzlich für ihre vielen wertvollen Tipps zur Versorgung der kranken Fellnasen, für ihre fachliche Beurteilung des Manuskriptes sowie für das wunderschöne Foto von den Eichhörnchenbabys. Ein besonderes Dankeschön gilt Sabine Gallenberger vom Eichhörnchen Schutz e.V. für die Sichtung des Manuskriptes und ihre überaus wichtigen fachlichen Hinweise zu den Themen Gefahren, Hilfe und Aufklärung. Ankica danke ich sehr für die Versorgung der Eichhörnchen, wenn ich selbst unterwegs war.

Der größte Dank gilt schließlich meiner treuen Freundin Luna für die vielen Einblicke in ihr spannendes Leben und das große Vertrauen, das sie mir schenkt.

Dank meiner Unterstützung ist Luna mindestens 6,5 Jahre alt geworden und Muckel sogar 7,5 bis 8 Jahre. Somit haben beide ein für wild lebende Eichhörnchen ungewöhnlich hohes Alter erreicht.
In meinem Herzen leben sie immer weiter!

Weiterführende Quellen

Bosch, S. & Lurz, P. W. W.; Das Eichhörnchen; Die Neue Brehm Bücherei, Westarp Wissenschaften Verlagsgesellschaft mbH, 2011
Alber, B. & Cording, C.; Eichhörnchen Entdecken; tredition GmbH, 2013
http://www.eichhoernchen-schutz.de/
http://www.wildtierhilfe-odenwald.de/
http://www.eichhoernchenhilfe-berlin.de/
http://www.eichhoernchen.info/
http://de.wikipedia.org/wiki/Eichhörnchenbrücke
https://youtu.be/yD0NnJm63-0 (Videoclip zum Buch)